"品读南京"丛书

丛书主编

曹路宝

南京历代经典建筑

汪晓茜 编著

南京出版传媒集团

南京出版社

图书在版编目（CIP）数据

南京历代经典建筑 / 汪晓茜编著. -- 南京：南京
出版社
（品读南京）
ISBN 978-7-5533-2146-2

Ⅰ.①南… Ⅱ.①汪… Ⅲ.①建筑艺术—概况—南京
Ⅳ.①TU-881.2

中国版本图书馆CIP数据核字（2018）第023199号

丛 书 名：品读南京
书　　名：南京历代经典建筑
丛书主编：曹路宝
本书作者：汪晓茜
出版发行：南京出版传媒集团
　　　　　南 京 出 版 社
　　社址：南京市太平门街53号　　　　　邮编：210016
　　网址：http：//www.njcbs.cn　　　　　电子信箱：njcbs1988@163.com
　　天猫1店：https：//njcbcmjtts.tmall.com/　　天猫2店：https：//nanjingchubanshets.tmall.com/
　　联系电话：025-83283893、83283864（营销）　025-83112257（编务）

出 版 人：项晓宁
出 品 人：卢海鸣
责任编辑：汪　枫　张　龙
装帧设计：潘焰荣
责任印制：杨福彬

排　　版：南京新华丰制版有限公司
印　　刷：南京工大印务有限公司
开　　本：787毫米×1092毫米　1/16
印　　张：12.75
字　　数：160千
版　　次：2018年4月第1版
印　　次：2018年4月第1次印刷
书　　号：ISBN 978-7-5533-2146-2
定　　价：40.00元

天猫1店　　　　　天猫2店

编　委　会

目　录

新曲——现代的南京建筑

前 言

　　南京，六朝古都，十朝都会，中华文明的重要发祥地之一，历史上曾数次庇佑华夏之正朔，长期以来是中国南方的政治、经济和文化中心。千百年来，紫金山、长江、秦淮河构成了南京独特的城市背景，"枕山临江水绕城"不仅是对城市景观的形象描写，也成为城市规划和建设所遵循的"自然律"。在此基础上，南京形成了一种多元化的城市传统，她既有紫金雄霸江南的气概，也有秦淮缠绵娇柔的风流，悠久的历史和深厚的文化涵养了南京兼容并蓄的品格，其建筑既有北方的端庄浑厚，又有南方的灵巧细腻。

　　建筑是时代文明的象征。人们对一个城市的印象，很大一部分是来自建筑的。优秀的建筑甚至可以使人们对这座城市终生难忘。南京就是这样一个拥有丰富建筑资源的城市，朱自清先生讲："逛南京就像逛古董铺子，到处都有些时代侵蚀的遗痕。你可以摩挲，可以凭吊，可以悠然遐想。"先生当年所言之"古董"就包括了南京众多的古代历史建筑遗存。

　　南京历史上有三次城市建设的高潮，产生了一大批优秀的建筑作品，成为当时城市文化的载体和象征。第一次出现在六朝时期，南京时称建康，是孙吴、东晋、刘宋、萧齐、萧梁、陈朝六代京师之地，也是第一个人口超过百万的城市，皇宫、衙署、城郭、街市、塔阁、陵墓、居民区的规模和建造水准与公元 4 ～ 6 世纪这座世界第一大都市相匹配，而"南朝四百八十寺，多少楼台烟雨中"的吟咏让今人对昔日之辉煌神往不已；第二次建设高潮出现在明初，太祖朱元璋以旧城为基础，以务实又开创性的态度，顺应自然山脉、水系走向，结合礼制和皇权崇拜，将南京城建成一个非对称但中心均衡的城市，完成了一代帝都的宏伟规制，城墙、宫殿、寺庙和陵墓等投射出大明帝国的巍巍气魄。然而，作为我国著名古都的南京，目前所遗古代建筑已甚寥寥，历经自然侵袭和战火涤荡，明代以前木构建筑荡然无存，唯有石造土筑之类，如南朝陵墓石刻、栖霞寺舍利塔、明孝陵、明城墙及灵谷寺无梁殿等少数，方能幸存至今。其余如清凉山扫叶楼、朝天宫，历史虽久，但实物却是清末重修，而瞻园、鸡鸣寺等大部更是新中国成立后才重新修复的。

南京历史上的第三次建设高潮出现在民国，与以往都城建设不同，这次引进欧美的都市计划学、建筑学和各项土建工程技术，使城市的改造和发展迈出现代化的一步。如今，走在南京的街头，让我们感慨的是六朝金粉已然飘散殆尽，取而代之的是影响至深的民国文化，"民国建筑看南京"的说法尽人皆知。从1927年到1949年，南京国民政府花了22年时间在此安家落户，1929年出台的《首都计划》实施不到四成，但已给南京带来巨大变化，令其一跃成为当时的一流城市，并奠定了今天南京城的基本格局。看当下南京之特色，古城墙、林荫大道、民国建筑等等，无不可追溯至彼时。民国时期的建筑不仅类型齐全，形式风格多样，规格高，材料和施工在当时实属一流，且极为系统全面地展示了中国传统建筑向现代建筑的演变，是中国古代建筑艺术向现代建筑艺术转换、创造民族建筑新风格的实物研究资料和重要历史见证。且看那些经典之作：中山陵、中央大学（今东南大学）、金陵大学（今南京大学）和金陵女子大学（今南京师范大学）、国民政府考试院、交通部、中央医院、国民政府主席官邸、扬子江饭店、颐和路公馆区、板桥新村等等，它们或雄壮或优雅地矗立在东方和西方、传统和现代历史文化的结合点上，无一例外地成为民国文化的重要组成部分。此外，南京的民国建筑见证了民国历史的开端和结束，它们是民族最深重苦难的亲历者，曾经的风起云涌，那岁月深处的神秘，都已经化为南京民国建筑最醇厚的历史与文化内涵。大观南京就好似一座规模宏大的民国建筑历史博物馆，带给现代人无尽的回想。

1949年后，南京的发展进入一个全新阶段，虽已非首都，但在建设总量、城市面貌、建筑技术、管理水平等各方面却有巨大推进，前30年计划经济时代修建的南京长江大桥、五台山体育中心、丁山宾馆等在全国也是首屈一指。改革开放初期，南京修建了第一个国人自营的五星级饭店——金陵饭店，是以国际合作方式进行设计的优秀作品，当时在国内引起不小的轰动，至今仍可算一件出类拔萃的作品。如今的南京已发展成为一座特大型城市，中国最发达经济区域的中心城市，并在国际化道路上不断迈进，取得了令人瞩目的成就，其城市建设也发生了翻天覆地的变化，高楼林立，气象万千。当代南京在建筑创作的类型、理念、技术等方面不断开拓，一流的设计师、一流的建筑不断涌现，其中不乏世界级的作品：既有尊重地域和环境特色的新建筑如梅园新村纪念馆，凝聚深刻内涵的雨花台烈士陵园和侵华日军南京大屠杀遇难同胞纪念馆，历史与当代呼应交融的大报恩寺遗址公园、牛首山佛顶宫，也有大胆造型与先进技术结合的紫峰大厦、青奥大厦，以及先锋理念碰撞的四方当代艺术园区等，从这些优秀之作可以看到人文、历史、地域和科技等因素对当代建筑创作的渗透。良好城市形象的建立，不但需要规划、设计、建设、管理等方面的通力合作，而且需要建筑师对城市环境的深刻理解，以及对城市特色的不懈追求。

建筑是立体的画卷、凝固的音符、永恒的诗篇，更是历史的回声。本书精心挑选出南京自古及今具有代表性的50座建筑，希望让经典传承。"风物长宜放眼量"，只要我们用历史的眼光去包容传统，用文化的眼光去发现价值，用学术的眼光去构筑时代语言，用社会的眼光去发现审美关注点，那么，我们所保护的就不仅仅是过去和现在，还有我们充满希望的未来。

古韵——古代的南京建筑

聚族而葬：南朝陵墓及石刻

辟邪，南京的城市标志之一。目前市徽上图案的原型来自南朝梁吴平忠侯萧景墓神道上的石刻，与出土于南京及其周边的句容、丹阳等地的同时期南朝陵墓石刻一样，鲜明地反映出了该时期的墓葬制度与雕刻艺术，具有极高的历史和艺术价值。

南北朝是中国历史上社会动荡、多个政权交替的时期，南朝（420～589年）是该时期偏安于南方的政权，历经宋、齐、梁、陈四个朝代。南朝统治期间，得益于大量生产人口和先进技术的南迁，南方经济迅速发展，而民族融合和多种文化的影响，促进了以建康为代表的南朝文化艺术的兴盛和发达，南朝陵墓及石刻便是这一环境下的产物。现存已知的南朝陵墓及石刻共有33处，按地区划分，南京11处，其中南京江宁区10处，句容1处，丹阳11处；按时代划分，宋1处，齐8处，梁13处，陈2处，时代失考9处。其中年代最早为南朝刘宋时期，距今约1500年，可分为帝王陵和王侯墓，均为全国重点文物保护单位。南京地区发掘的帝王陵有江宁麒麟门外宋武帝刘裕初宁陵、江宁区上坊陈武帝陈霸先万安陵、栖霞区梁昭明太子萧统墓（原误以为陈文帝陈蒨的永宁陵），王侯墓有梁临川靖惠王萧宏墓、梁安成康王萧秀墓、梁鄱阳忠烈王萧恢墓、梁始兴忠武王萧憺墓、梁吴平忠侯萧景墓、梁桂阳简王萧融墓、梁新渝宽侯萧暎墓、梁建安敏侯萧正立墓等。

南朝时期门阀制度高度发展，门阀士族在政治和经济上享有特权，豪门士族私占山泽，开辟成墓葬用地。南朝帝王及士族看重家族和宗族的力量，生前聚族而居，死后亦"聚族而葬"。

南朝时"堪舆术"即风水术盛行，陵墓葬地大多背倚山峰，面临平原，位于两山环抱的山麓或高地上，即所谓"山冲"之地；地面建筑及石刻等设在平地，神道及墓室的朝向依地形而定。陵墓由地上、地下两部分构成。地下部分为墓室，均为砖室结构。南朝陵墓多为大型单室墓，没有前后室或侧室，墓顶采用拱券或穹隆顶。墓门为石砌，门额呈半圆形，其上雕有人字栱，通常帝、后一级两进门，王侯一级一进门。墓室内壁或以花纹砖或以整幅壁画砖砌成。江南地区多雨潮湿，为更好保存棺椁，帝王通常择高地而葬，同时为了防止墓室积水，墓内还设有砖砌排水阴沟。陵墓地上部分有坟冢、享殿（祭祀建筑）、神道和石刻等。享殿等地表建筑皆已毁，现仅存神道上的石刻两侧对称排列，依次为石

传说中的麒麟形象

兽、石柱、石碑，之后即是封土为陵的帝王墓室。起坟与否及坟冢高度依地形而定，山高不起坟，山低要起坟，坟冢今均荡然无存。

神道石兽，是突出帝王威严、驱恶辟邪的镇墓瑞兽。石兽均成对配置，不论形体大小，皆昂首引颈，张口露齿，腹侧饰双翼，长尾曳地，造型夸张适度，气度非凡。这些石兽的称谓，历来众说纷纭，综合文献记载和实地调查来看，帝王陵前的石兽称"麒麟"（单角和双角），均长须垂胸，四肢前后交错作迈进状，体表雕饰繁缛华丽，体态健劲灵动，韵律感十足。王侯墓前的无角兽称为"辟邪"，外形似雄狮，其鬃毛卷曲分披，显得头部硕大，长舌多外垂及胸，舌尖微卷，体态雄浑壮硕，气势威猛。辟邪，有避除邪魔之意，古代织物、军旗、带钩、印钮等常以辟邪为饰，由于南京多王侯墓，因而多辟邪石刻，后人以其为南京的形象标志。南京现存辟邪中，以梁临川靖惠王萧宏墓辟邪最为威武雄壮，而梁吴平忠侯萧景墓前辟邪最为精美。

南朝时期的宋代石兽以南京麒麟门外宋武帝刘裕初宁陵中的麒麟为典型，石兽造型稳健庄重，与汉代石刻的风格相似，整个体态略呆板，缺少变化，纹饰也较简朴，整个雕刻

萧景墓前石刻辟邪

昭明太子萧统墓前石麒麟

用方刀法，是南朝已发现的最早的石刻。齐代石兽更加高大，变得窈窕，颈长腰细，胸部突出，全身略作 S 形，强调其曲线美，细部装饰繁富，雕刻多用圆刀法，圆雕、浮雕和线雕综合运用。梁代陵墓石刻最盛，气势更加宏伟豪迈，石兽纹饰明显简化，作风从装饰趋向写实，风格在统一中多样化了。其中，萧正立墓石辟邪是今存所有南朝陵墓石兽中唯一能够通过形象区别出雌雄来的。陈代石刻整体形制比较小巧，而纹饰却极为繁富，前三代石兽脚爪都放平贴地，而南朝刘宋昭明太子萧统陵墓前麒麟的前爪离地抬起，有腾步欲飞之势。

除了体量大小有所区别外，神道石柱在形制上则较单纯统一。神道石柱，或称墓表，分柱头、柱身、柱础三部分。柱头包括有浮雕莲花的圆盖和立于盖顶的小石兽。柱身雕刻凹陷直剜棱纹 20 至 28 道不等，柱身上部凿有矩形石额，上载朝代、墓主官职及谥号，有姓不记名，左右两柱相对，文字或正刻或反刻，或顺读或逆读，有的石额侧面尚有线刻，石额下及柱身上雕神兽纹、绳辫纹和双龙纹，萧宏墓石柱还刻有裸体托盖力士。柱础上圆下方，上为头部相连、尾部相交、口含宝珠的双螭围成的环状榫孔，下为方形础座，四面浮雕神兽。

石碑分碑首、碑身、龟趺三部分。碑首半圆形，两侧浮雕双龙，交羼环缀于碑脊。碑首正中有略凸出的方额，上题刻墓主官职、谥号等，额下有穿孔。碑身主要刻文字，文字四周有卷草纹图案。碑侧有浮雕及线刻画，图案以萧宏碑侧所刻最精美，有神兽、凤凰、天禄等，底部还有莲花线刻画。碑座龟趺，上承碑身，作负碑状，龟首昂升，形象简朴有力。与神道石兽、石柱相比，石碑是更具有中国民族特色的一种遗物。

如今，大批南朝陵墓石刻或屹立于乡野农田，或昂首于城市之中，风雨千年，战乱纷争，其仍以残美的身躯向人们展示着千年古韵，在中

萧景墓神道石柱　　　　　　　　　　　萧秀墓前石碑

国石刻艺术史中，它上承秦汉，下启隋唐，与同时代的北魏云岗石窟、龙门石窟艺术遥相媲美，永垂于世。

南唐遗韵：南唐二陵和栖霞寺舍利塔

"春花秋月何时了？往事知多少。小楼昨夜又东风，故国不堪回首月明中。雕栏玉砌应犹在，只是朱颜改。问君能有几多愁？恰似一江春水向东流。"伴着南唐李后主的绝唱《虞美人》一词，南唐政权与春水一同消散在滚滚历史当中。南唐（937 ~ 975年），为五代十国时期先主李昪于金陵建立的割据政权，经中主李璟由盛转衰，终灭于后主李煜，经三主，历38年。南唐为十国中幅员最广的国家，其虽在政治上软弱无能，但经济发达，文化繁荣，为金陵后世留下了历史文化价值极高的胜迹，其中，以位处"春牛首，秋栖霞"两山之地的南唐二陵和栖霞寺舍利塔最为人称道。

南唐二陵

南京城南郊外有一座山，东西双峰对峙，远望像一对牛角，民间称之"牛首山"。又因其地处金陵城外，好似一道天然门阙，自东晋以来便称"天阙山"。这里是佛教"牛头宗"发祥地，山上名胜遍布，风景

顺陵入口

宜人，尤以春夏景色最为烂漫。牛首山之南，有一与其地脉相连之山，因"牛头宗"法融禅师在此坐堂说法，得名祖堂山，这里建有中国五代十国时期规模最大的帝王陵墓——南唐二陵。

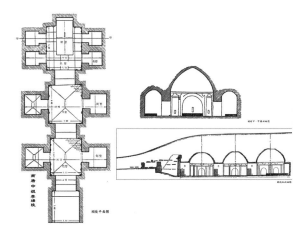

顺陵平面和剖面图

南唐二陵位于祖堂山南支之上，先主李昪及其皇后宋氏的钦陵在东，中主李璟及其皇后钟氏的顺陵在西，分别由南唐大臣江文尉和韩熙载设计，二陵相距约百米，均因山为陵，有山左右环抱，背靠牛首山双峰，遥对云台山主峰，为"背倚天阙，面直云台"之佳势。

钦陵，《南唐书》载为永陵，地上有一隆起高 5 米、直径约 30 米的土墩封土。顺陵，与钦陵相隔一山沟，相距近百米，西、北两面与山相连，土墩不若钦陵明显。二陵封土极为讲究，有明显人工堆砌痕迹，封土以本地黄土为主，混有红土层、棕土层、黄沙层、碎石层、石灰层、覆碗层等。

钦陵全长 21.48 米，宽 10.45 米，顺陵全长 21.9 米，宽 10.12 米。二陵墓门均朝南，为多室墓格局，墓室门多为圆形拱券式。平面上均分前、中、后三室，钦陵前、中两室为砖造，后室为石造，顺陵三室全为砖造。主室东西置侧室，钦陵有侧室 10 个，顺陵有侧室 8 个。陵墓中后室为地宫的主体部分，是放置帝后梓宫的地方。室顶绘有"天象图"，地面青石板刻有"地理图"，此为帝王陵墓的特殊形制，大致起于秦代，取"上具天文，下具地理"之意，象征帝王坐拥天下。

钦陵系南唐全盛时期建造，整个陵墓规模宏大，内部装饰富丽堂皇，柱枋、斗栱等处均为仿木构造。而建造顺陵时，南唐国力已渐衰，因此其格局虽与钦陵大致相同，但规制远逊，从建造用材及内部装饰可见一斑。

二陵虽多次被盗，但仍出土有640余件文物，有陶瓷器、铜器、漆器、骨器、玉哀册、石哀册等。其中陶制俑偶最多，有男女宫中侍从俑、舞俑以及各种动物俑等，为南方唐宋墓中所罕见。玉哀册为埋藏帝后的祭文，是判定墓主身份的主要依据，尤为珍贵。顺陵西南面，遗留围有长埂的平台，东西长80米，南北宽50米，推测其上原为恢宏的陵园寝殿建筑。

南唐自称为大唐后裔，因此南唐二陵在建筑、彩绘、雕刻等方面，都带有典型的唐代遗韵，在继承了大量唐代灿烂文化的同时，亦颇有创新，但总体来说还是袭多创少，反映出南唐割据政权小朝廷文化的局限性。

历史上，南唐二陵多次遭盗墓贼盗掘，新中国成立后，南京博物院于1950～1951年对其进行了发掘，这是我国首次以科学方法发掘的封建帝王陵墓。陵墓经整修后对外开放，1988年，南唐二陵被列为全国重点文物保护单位。

栖霞寺舍利塔

南京城东北的栖霞山，每值金秋，枫叶如火，景色醉人，游人接踵。山上古迹遍布，素有"一座栖霞山，半部金陵史"的美誉，其中尤以"三论宗"发祥地的栖霞寺最为著名。栖霞寺坐落于栖霞山主峰——凤翔峰之西，始建于南朝齐代，现为江苏省文物保护单位。寺内有一舍利塔，始建于隋，仁寿二年（公元602年），隋文帝命天下八十三州建仁寿舍

栖霞寺舍利塔外观

利塔，栖霞寺有其一，为五层方形木塔，是当时全国舍利塔之首，后木塔毁。南唐中主李璟为悼念母宋氏，于保大三年（945年）命高越、林仁肇二人重建实心石构舍利塔，即今日栖霞寺内所见舍利塔。竣工后高越亲自撰写《舍利塔记》，记录建塔始末。

栖霞寺舍利塔，八角五层，通高约18米，八角形边长约5米，底层基座直径约13米，为密檐式石塔，修造选石灰岩和大理石两种石材，预先雕凿出各部分构件，而后安装叠砌而成，全塔雕刻精美，可见多处仿木构建筑做法。塔分塔座、塔身、塔刹三部分。

塔座周绕以镂空雕花石栏杆，自下而上为基座、须弥座和仰莲座。基座平面雕刻有或腾云驾雾，或嬉水翻涌的龙、凤、鸟、兽、鱼、虾、鳖等吉祥图案。须弥座八个半圆形角柱上雕力士、立龙等，柱间浮雕释迦牟尼"八相成道图"——即降兜率、入胎、出胎、出家、降魔、成道、说法、涅槃。三层莲瓣仰莲座承上塔身。该塔是我国最早设塔座的密檐式石塔实例。

塔身共五层，均作八角形，层层出檐深远，塔檐部分作仿木结构，檐下雕檐椽及飞檐椽，椽头收小成卷杀状，屋角处椽子平行排列，为我国早期古建筑特点。檐口呈平缓曲线，刻勾头滴水，脊端饰龙头，角梁下挂铁马，密檐整体非常精美，可惜每层均有不同程度破损。塔身一层特别高，转角设倚柱，南北两面作紧闭门扇，门上刻有铺首及门钉，门

栖霞寺舍利塔塔身

旁倚柱镌刻《金刚经》，东西两面雕文殊、普贤佛像，其余四面刻四大天王像。自二层向上，各层高度渐低，有收分，各层外观结构基本相同，下施莲瓣一道，中间每层八面各作两道圆拱佛龛，龛内雕坐佛，上有八角形圆边石盘承托塔檐。

塔刹原为金属刹，后改为叠石宝顶，饰以莲瓣、束缨、云纹等。舍利塔作为佛法的象征，应有地宫，塔既为帝王敕建，那么地宫内必有非同寻常之宝物，但其尚未挖掘，至今成谜。

舍利塔体量不大，整体结构紧凑，造型雄健，比例匀称，装饰华丽，为我国现存石塔中之佳品，也是研究南唐建筑的重要实例。同时它也代表了南唐时代雕刻艺术的最高水平，上承隋唐佛教艺术精神，下开宋元佛教艺术的先河。因此在中国佛教建筑史和雕刻史上占有重要地位。1988 年被列为第三批全国重点文物保护单位。

舍利塔近代以来曾进行四次维修。1931 年由叶恭绰主持，刘敦桢和中央大学教授卢树森开展了第一次修葺工作，主要是重新设计制作塔刹（原刹已毁），并修补基座损毁部分。最早塔刹有鼓墩和莲瓣组成的相轮，此次重修刘敦桢等人仿北魏云中寺的做法进行了补建。塔底层基座外周原有勾片造石勾阑，间以莲华头望柱，大半损毁，当时修缮时用发掘出的残石加以粘补恢复。经过刘敦桢等人细致科学的工作，石塔大体恢复原样，保持了原有的南唐建筑风格。20 世纪 50 年代，又复原了基座石栏杆，并安装避雷设施；70 年代，又增设铁栅护栏。1993 年，国家文物局再次对舍利塔进行了维修，此次将掉落在周围的八大块石构件粘接到原断口处，对塔身及塔檐的裂缝，用环氧树脂及其他化学粘合剂勾缝补平。

南唐二陵，为研究五代十国时期的帝王丧葬制度提供了重要的实物资料，栖霞寺舍利塔则反映了南唐佛教的兴盛与石雕艺术的最高水平，可谓上承隋唐之遗韵，下开宋元之先河。如今再游二迹，徒留李煜"流水落花春去也，天上人间"的悲叹，令人唏嘘。

太祖伟业：明故宫

都城，是中国古代国家的政治、经济和文化中心。皇宫，往往位于都城中心的风水宝地，是国家君主行使其至高无上皇权之地，亦是君主的居住之地，体现着封建皇权的神圣性。朝代更替、帝王传承，京都与皇宫的兴衰与国家命运紧密相连，位于南京的明朝皇宫——明故宫，便亲历了古南京城的兴衰荣辱。从明太祖朱元璋灭元建明，定都南京，历朱元璋、朱允炆和朱棣三帝，至迁都北京，共54年。明太祖朱元璋在位时创造了中国古代封建社会发展的一个高潮——"洪武之治"，辉煌灿烂的明故宫，便是这盛世之中的太祖伟业之一。

故宫，"故"为过去之意，故宫即是过去王朝的皇宫之意。南京明故宫位于今南京中山东路南北两侧，由在外的皇城与其围护着的宫城两部分组成，合称皇宫。皇宫坐北向南，今大致范围北至北安门，南至瑞金路，西至西安门，东至中山门。整个皇宫以宫城为中心，外围宫城墙、皇城墙、都城墙和外廓墙四道城墙，有护城河绕其四周。城墙的营建，尤其是都城墙和外廓墙，不同于以往城墙循对称矩形的旧制，而是顺应自然山脉、水系走向砌筑，使得南京城成为一个虽非对称但中心均衡的城市，为中国古代城市建设史上的杰出作品，而南京明城墙也是目前世界最长、规模最大、保存原真性最好的古代城垣。

南京明故宫建成于洪武二十五年（1392年），历时20余年，规模宏伟，占地面积超过101.25万平方米，是14至19世纪中国古代都城和宫殿建筑的集大成者，被称为"世界第一宫殿"，为明代官式建筑的母本，北京故宫就"规制悉如南京"。《明太宗实录》载："（北京故宫）凡庙社、郊祀、坛场、宫殿、门阙，规制悉如南京明故宫，而高敞壮丽过之。"

朱元璋定都南京后，召集精通堪舆之术的刘基等人，经权衡后，选定都城之东、钟山之阳处，填湖整平后作为皇宫基址。基址与旧城联系紧密，以钟山"龙头"——富贵山作为镇山，南临秦淮河，是背山、面水、向阳之风水佳地。皇宫巧妙地将旧城的东城濠用做新城的西城濠，将皇

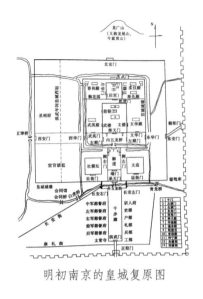

明初南京的皇城复原图

宫内的内、外五龙桥与城濠及南京城水系相互连通，组织成自然与人工浑然一体且循环良好的给排水系统。

整个皇宫呈凸字形，为结构严密的中轴对称格局，朱元璋为实现其"驱逐胡虏"、恢复汉族统治的政治抱负，严格遵循《礼记》所载"左祖右社""三朝五门"之规制——三朝：奉天殿（金銮殿）、华盖殿、谨身殿；五门：洪武门、承天门、端门、午门、奉天门。另又根据天象、八卦等制定"外朝内廷""前朝后寝""东西六宫""宫城六门""皇城六门"等规制。整个建筑群的轴线以南端外城的正阳门为起点，经皇城的洪武门抵达宫城的承天门，直至皇城末端的玄武门止，这种宫城轴线与全城轴线相重合的模式，是明故宫首创，直接影响到北京紫禁城的营建，才使我们能看到今天规制格局严谨壮观的北京城。明故宫是中国古代建筑群群体布局走向成熟的代表之作，这种模拟天象、遵循礼制的建筑群体布局方式，集中体现了封建帝王试图通过建筑营建来加强其皇权神圣性的愿望。

民国时期明故宫午门与内五龙桥

宫城，又称内宫、大内、紫禁城，由四道城墙包围，有御河环绕，位于皇宫的中偏东部，是整个皇宫的核心区域，为明初洪武、建文和永乐三帝的内宫。宫城坐北朝南，平面略呈长方形，南北长约 0.95 公里，东西宽约 0.75 公里，周长约 3.4 公里，占地约 68 公顷。宫城之内，中轴线开端为午门，向北延伸，午门与奉天门之间架内五龙桥，奉天门之内设"三朝"，又称三大殿，是后来北京故宫太和、中和、保和三殿的前身。奉天殿东有文华殿，西有武英殿。三大殿之后设乾清门，此门向南称"外朝""前朝"，是皇帝办理政务、举行朝会及其他重要庆典的场所；此门向北称"内廷""后寝"，是皇帝与后妃们生活居住的地方。内廷轴线上设帝后寝宫乾清宫、交泰殿、坤宁宫，以乾坤象征帝后犹如天地，轴线两侧为东西六宫，为后宫嫔妃居住之地。"外朝"与"内廷"，共同组成帝王的"朝廷"。宫城由宫墙环绕，其上共设"宫城六门"：南正门为午门，午门左右为左、右掖门，东为东华门，西为西华门，北为玄武门。

皇城，是围绕着宫城的区域，其内布置宗庙、衙署、内廷服务机构、防卫建筑及园林苑囿等。皇城之内，中轴线开端为洪武门，自洪武门至承天门有一条宽阔的御道，御道两旁设长廊名千步廊，御道东侧为中央行政机构——吏、户、礼、兵、工五部及宗人府，西侧为大都督府——中军都督府、左军都督府、右军都督府、前军都督府、后军都督府的五

民国时期的明故宫东华门遗址

今明故宫遗址上的遗存构件

都督府及太常寺，御道尽头为外五龙桥。皇城内先后建造过的祭祀坛庙约有20座——圜丘、方丘、天地坛、社稷坛、太庙、帝王庙、功臣庙等，其中最重要的太庙和社稷坛遵"左祖右社"的规制，位于皇城南部东西两侧。皇城墙是护卫整个皇宫的城垣，城垣平面呈倒凸字形。皇城墙上共设"皇城六门"：南向正门洪武门，左右为左、右长安门，东为东安门，西为西安门，北为北安门。

明故宫选址时，放弃了相对平坦的旧城地区，选择了东北部地势低洼、地形较为复杂的地区，尽管填湖整平时已对地基进行了处理，然而人工之力并没能改变地势的先天不足，洪武末年，整个皇宫已经出现排水不畅、积涝潮湿的现象，朱元璋曾一度欲迁都长安或洛阳，然年事已高又遭太子病故，只得作罢。朱元璋身后不久，燕王朱棣挥师南下，发动"靖难之役"，称帝后迁都北京，改南京为留都，皇宫虽存旧制，还委派有皇族、内臣驻守，然而失去了都城皇宫地位的明故宫，躲不过日渐衰败的命运。直到太平天国时期，明故宫惨遭大规模拆毁，沦为废墟。太祖一代伟业，再无往昔之辉煌。

今日的明故宫，是20世纪90年代将南京军区教练场迁出后恢复修缮的遗址公园，可见之处仅为南北轴线上的三大殿及部分后廷的遗存，面积不及盛时的三分之一，地上建筑也都荡然无存，仅存极少的石柱础等建筑构件。如今，站在明故宫遗址之上，看着穿行在公园里的游人、市民，想象着洪武年间只有帝后将相才得以一见的宏伟皇宫，不禁令人感慨："无限伤心夕照中，故国凄凉，剩粉余红。金沟御水自西东，昨岁陈宫，今岁隋宫。"（明·夏完淳《一剪梅·咏柳》）。

明清帝陵肇始：明孝陵

　　明太祖朱元璋生前创造了中国古代封建社会发展的一个高潮——明朝"洪武之治"，死后亦以其陵——明孝陵，开启了明清帝陵的新制度，生前身后都可谓是一位气魄宏大、成就杰出的千古帝王。明孝陵，是明朝开国皇帝朱元璋与马皇后的合葬陵墓，位于南京东郊紫金山南麓独龙阜玩珠峰下，是南京现存最大的帝王陵墓，亦是中国古代最大的帝王陵寝之一。明孝陵陵寝制度为朱元璋自创之新式帝陵制度，是营建明十三陵及清代诸陵形制之肇始，在中国帝陵发展史上具有里程碑式的意义，故有"明清皇家第一陵"的美誉。

　　洪武初年，朱元璋率精通阴阳五行的刘基和徐达、汤和等人，踏遍金陵王气所钟的紫金山为自己择址建陵。洪武十四年（1381 年），陵墓动工，次年马皇后去世，葬入此陵。因马皇后谥"孝慈"，又因明朝以孝治天下，故陵名"孝陵"。洪武三十一年（1398 年），朱元璋病逝，开启地宫与马皇后合葬。殉葬妃嫔 46 人，宫人 10 余人。永乐三年（1405 年），陵墓建成，先后动用军工 10 万，历时 25 年。永乐十一年（1413 年），"大明孝陵神功圣德碑"落成，整个孝陵建设工程方告终结。1961 年 3 月，明孝陵被国务院公布为第一批全国重点文物保护单位。2003 年 7 月，作为"中国明清皇家陵寝"的扩展项目，明孝陵被列入世界遗产名录，成为古都南京的第一处"世界文化遗产"。

　　朱元璋重视天象与风水，"大明孝陵神功圣德碑"载其"审天象，作地志"，这可能与这位帝王的佛门经历有关，其设计多循《周礼》《易经》及风水学说，其生前居所便以天象精心设计。首先，在建陵择址上，朱元璋迁走了原在此地的宝志和尚墓及蒋山寺，另于东侧敕建规模宏大的灵谷禅寺以慰独龙阜原"主人"宝志和尚。独龙阜之处，为左（东）青龙（向东延伸的山脉）、右（西）白虎（向西延伸的山脉）、前（南）朱雀（前湖）、后（北）玄武（玩珠峰）之象，且南向正前方近处有梅花山作"前案"，远处有天印山作"远朝"，孝陵地处玩珠峰、梅花山

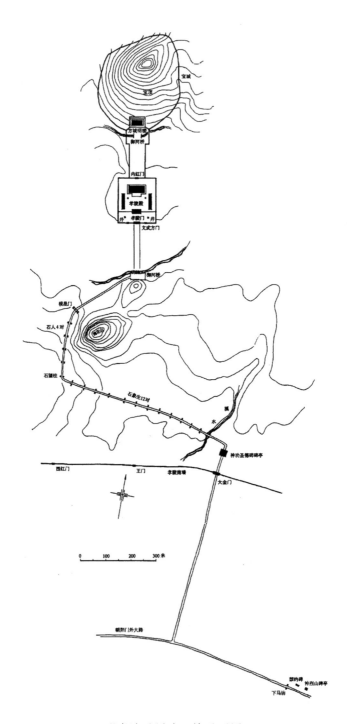

明孝陵及周边环境平面图

与天印山三山南北相望之轴线上，可谓天造地设的风水宝地。在陵墓建筑群规划设计上，明孝陵的主体建筑走向整体呈北斗七星布局，以追求"魂归北斗，天人合一"的效果，据说这种葬式可以聚气，以添帝陵灵气。

明孝陵整体坐北朝南，拜谒路线由南向北，自陵墓起点下马坊至地下玄宫所在宝顶，纵深约 2.62 公里，据载原有环绕陵墓主体建筑的围墙长达 22.5 公里，几乎包围了今日钟山风景区的大部分，当年孝陵之内围有南朝 70 所寺院的一半，植松树 10 万株，养鹿千头，设孝陵卫以守卫陵墓，设神宫监以管理陵墓。陵墓内建筑总体分神道和陵寝两大部分，于其中设三道御河。

神道部分，由下马坊至棂星门，是作为引导的神道设施，包括下马坊、神烈山碑、禁约碑、大金门、四方城（神功圣德碑碑亭）、外御河及石桥、神道石刻（石像生群、石望柱）。至棂星门向东北折，便进入陵寝部分，该部分由御河桥至宝城，是陵寝的主体建筑，包括棂星门、内御河及金水桥（五龙桥）、文武方门、特别告示碑、御碑亭、碑殿、享殿、宝城前御河及升仙桥（大石桥）、方城明楼、宝城、宝顶及围墙等。明孝陵地下宫殿目前尚未发掘，使整组建筑更具神秘色彩。孝陵内木构建筑多毁于太平天国战乱，仅留下部分砖石建筑及石刻——下马坊、神烈山碑、禁约碑、大金门、四方城、神道石刻、宝城和明楼等处，这些明代遗构保持了陵墓整体布局及建筑空间的真实性和完整性。

孝陵神道是中国唯一不采用直线，而是围绕梅花山形成弯曲神道的帝陵。梅花山上曾落葬孙权，据说建孝陵之时，朱元璋力排众议决定让孙权为自己看守墓门，又因梅花山为独龙阜处的"前案"之象，遂使神道绕了一个弯

明孝陵四方城内的神功圣德碑

如今修复后的明孝陵方城明楼

子，而这一弯也恰巧合了北斗七星的图式，与地形地势完美结合的神道可谓一举多得。在这蜿蜒曲折神道的各个节点之处，均以建筑、石刻等元素控制空间节奏，为明孝陵一大创新。

明孝陵神道由东向西北延伸一段，随地形起伏、迂回曲折对立着石象生，石象生下垫完整的六朝砖，使其600年来没有下沉。沿拜谒路线前行，神道两侧列石兽十二对，依次为狮子、獬豸、骆驼、象、麒麟、马6种石兽，每类两对，一对伫立，一对蹲坐，夹道迎侍。石兽尽头往北折，是一对高耸的石望柱，紧接着是两对武将和两对文臣。通常陵墓中的望柱均设于神道最前，而明孝陵则将其置于神道中间，也为孝陵独特之处。这些石像石刻形体高大，庄严肃穆，栩栩如生，题材、造型、雕琢技巧具有鲜明特色，代表了明初建筑和石刻艺术的最高成就。此外，孝陵东是长子朱标的东陵，其西是殉葬的嫔妃墓，也开创了后世帝王陵寝共用神道做法的先例，此规制为北京的明十三陵所使用。

明孝陵的设计，在参照以往帝王陵墓的基础上而有所增益。其承前帝王陵墓"依山为陵"的旧制，又一改自汉代到宋代以前，帝陵均为方上、陵台、方垣、上下宫的制度，合上下宫为一区，新创了方城明楼、享殿、圆丘（改方坟为圆丘）及宝城、长方形陵宫的制度，开创了"前方后圆"的基本格局；又将帝王生前居所"前朝后寝"的宫殿制度引入帝陵之中，

明孝陵前的石像生

成为陵宫制度。"前方后圆"及"前朝后寝"的陵寝制度,后被明十三陵、明显陵、清东陵、清西陵所继承。

除了上述的几大创新之外,明孝陵在涵盖整个陵区的、合理有序的排水系统的建设,单体建筑的建造技术、材料使用和建筑构件样式等方面都有突出的创新。

这座已有600多年历史的首座明代皇家陵墓,以其墓主身份之显赫、陵墓规模之宏大、形制之独特、环境之优美而闻名于世,中国古代帝王"事死如生"的墓葬观念在其中表现得淋漓尽致,孝陵是明初中国封建社会政治、文化、审美、技术等的综合体现。明孝陵创造的陵墓形制,一直规范着明清两代500余年20多座帝陵的建设规制,开创了中国明清帝王陵寝形制的先河。

砖拱杰作：灵谷寺无梁殿

南京东郊紫金山风景区内，有一处集传统寺庙、民国时期国民革命军阵亡将士公墓和公园组成的名胜——灵谷风景区，因其中有明代佛教三大寺院之一的灵谷寺（《金陵梵刹志》列报恩寺、灵谷寺和天界寺为三大刹），故市民现在仍习惯统称这里为灵谷寺。

今日所称灵谷寺，位于南京市玄武区紫金山东南坡下，其前身乃南朝天监十三年（514年）梁武帝为葬高僧宝志而建的开善精舍；唐代改称宝公院；宋、元时期称太平兴国禅寺；明初改为蒋山寺。后因朱元璋选此风水宝地建明孝陵，故将蒋山寺及周边寺院一同迁至紫金山东南麓，因其处"左群山右峻岭"之地，朱元璋赐名"灵谷禅寺"，取"诸佛念生灵，慈佑于民，如呼谷谷应"之意，并御笔题额"第一禅林"悬于山门。据《金陵梵刹志》载，当时寺院规模宏大，占地500亩，殿阁如云，松木参天，僧人千余。清康熙下江南至此亲笔题书"灵谷禅寺"，乾隆南巡赐《无量寿经》一部。太平天国时，清军设江南大营于此，寺内木构建筑悉毁于战火，仅存砖造无梁殿一座。1928年，民国政府在灵谷寺旧址上建国民革命军阵亡将士公墓，原灵谷寺迁至东侧龙神庙处——即今日所见灵谷寺。1931年，原灵谷寺内明代遗构无梁殿经修葺被改为公墓祭堂，名"正气堂"。殿前置阵亡将士牌坊，殿后建由美国建筑师亨利·茂飞（Henry Murphy，又译亨利·墨菲）和助手董大酉设计的九层阵亡将士纪念塔和纪念馆——即今日所称灵谷塔和松风阁。1949年，这一带包括塔寺、公墓等统改称灵谷寺公园。1982年，灵谷寺无梁殿被列为江苏省文物保护单位。

灵谷寺的无梁殿是明代灵谷寺内的主要殿宇之一，据载始建于洪武十四年（1381年），是我国现存无梁殿建筑中时代最早、规模最大者，其结构之坚固堪称国内同类建筑之最。该殿以供奉净土宗无量寿佛，而称无量殿。又因其从基础至屋顶全用砖石材料，为拱券结构，不施寸木只钉，无梁无柱，故称无梁殿。

无梁殿作为砖石建筑，与中国传统木构建筑隶属于不同的建造体系，它的出现与发展与砖这种建筑材料的出现与发展密切相关。砖始现于战国，经"秦砖汉瓦"到第一个发展高潮，汉代出现了定型比例砖，砖石拱券技术也基本成型。中国古代建筑对砖石拱券技术的应用经历了由地下到地上的发展过程，最早应用于西汉墓室中，唐宋以来，砖石拱券技术开始用于地上的砖塔及桥梁上，元代开始，为加强城墙的防火和耐久性，城门洞逐步转变为砖券。明代是砖石建筑发展的第二次高潮，制砖技术与工艺进一步发展，灰浆的广泛应用增强了拱券结构强度，以砖拱券为核心的砌筑技术日渐成熟。无梁殿这种形制虽在金代已出现，但到明代才发展成熟。相较木构建筑而言，砖石的无梁殿具有防火、大跨、坚固耐久的特点，因而常用于皇室档案馆或寺院的藏经楼（阁）。同时，"无梁"又恰好与"无量"谐音，为其增添了宗教神秘色彩。

明嘉靖年间的大学士吕柟在《游灵谷记》中对灵谷寺无梁殿进行了描述："无梁殿，殿皆瓴甋，作三券洞，不以木为梁。只此一殿，费可万金。其规制，又多自齐、梁时来。国朝虽或补葺，然必不加也。"然自始建至今 600 年兴废，无梁殿形制、细节多有变化。

今日灵谷寺无梁殿坐北朝南，立于台座上，殿前有宽敞的露台，殿北设平坦的甬道。大殿面阔 5 间，东西长 53.8 米，进深 3 间，南北宽

无梁殿正面外观

无梁殿檐下的水泥斗栱构件

37.8 米，面积约 2000 平方米。殿高 22 米，做重檐歇山灰色琉璃瓦顶，屋面有举折，屋角飞檐起翘明显。上檐的两侧山花部分辟有直棂窗各一，脊饰有正吻、角兽和仙人，正脊上建 3 座白色琉璃喇嘛塔，正中最大者作中空八角形状，与殿内藻井顶部留有的八边形孔洞相连，殿内可见光线透入，此做法在国内现存古建筑中尚属首见。

大殿结构为筒形拱式，即以砖砌的拱券代替木构梁架以承托屋面，并通过拱券将荷载传至墙壁。大殿正面 5 间各有一拱券，跨径 3.85 米，净高 5.9；内部有 3 个东西横向并排的通长半圆形拱券，中券最大，跨度 11.25 米，净高 14 米，另两券跨度 5 米，净高 7.4 米，拱券下均有浑厚的实体墙，结构十分坚固。由于拱券产生的侧向水平推力非常大，因此大殿檐墙墙厚近 4 米。

大殿南、北两檐墙分别于明间、次间辟三券门，南檐墙另在梢间施两券窗；东、西两山墙于三跨拱券轴线处各设一券窗，门窗外均贴水磨砖作壸门状。现门窗均为铜制作，上有三交六椀菱花装饰。大殿外立面装饰上为仿木结构建筑，屋檐砖石做方椽及望板，上下檐均设斗栱，上檐斗栱出二跳，下檐斗栱出一跳，斗栱于民国年间维修时改为水泥制作。

大殿内部有佛台，昔日为供奉无量寿佛之处，如今嵌上了"国民革命烈士之灵位"石碑，左右嵌有《国父遗训》和《中华民国国歌》石碑，四周墙壁嵌有 110 块编号的太湖青石碑，上刻国民革命军阵亡将士姓名，共 33224 人。抗战期间为躲避日军飞机轰炸，国民政府多个部门曾搬迁于此集中办公。如今无梁殿被开辟为辛亥革命名人蜡像馆。

这座明代建筑穿过百年，历经风雨硝烟，早已不再只是"寺"的一部分，它和灵谷寺一道镌刻上了北伐和抗战将士的英魂，成为聚集民族精神的载体，向人们诉说着灵谷胜境那万松参天、一径幽深的旨趣，和革命先驱为国为民无悔无怨的正气。

中古七大奇观之一：南京大报恩寺琉璃塔

　　唐代诗人杜牧一句"南朝四百八十寺"，多少年来成为描绘古都金陵往昔盛景的名句。而"四百八十寺"的起源之处，便是位于南京城中华门外秦淮河畔长干里，赫赫有名的金陵大报恩寺。这座中国历史最悠久的佛教寺庙之一，最早可以追溯到东吴赤乌年间（238 — 250 年）建造的建初寺，是继洛阳白马寺之后中国的第二座寺庙，也是中国南方的第一座佛寺，一度为中国佛教中心。后历代在建初寺遗址上，不断有新寺庙崛起，寺名也屡屡更易。晋时为长干寺；南陈为报恩寺，宋改名天禧寺；元改为慈恩旌忠教寺，明为大报恩寺。《金陵梵刹志》中列大报恩寺、灵谷寺、天界寺为金陵三大寺，统领下属百寺。

　　大报恩寺为永乐大帝朱棣敕建，其一为报朱元璋夫妇的"罔极大恩"，其二为报答与补偿生母碩妃，故赐名大报恩寺（大报恩寺内大雄宝殿又称碩妃殿）。建设要求"弘拓故址""度越前代"（《御制大报恩寺左碑》，永乐二十二年二月），恩赐"准宫阙规制"，即以皇宫标准建造。

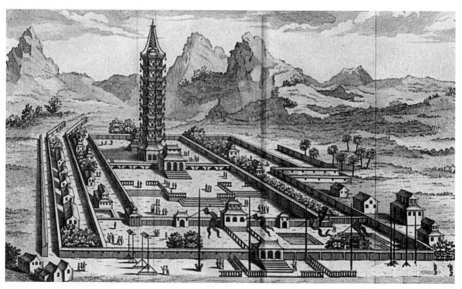

18世纪铜版画上的大报恩寺

工程自 1412 年起，历时 17 年，征用 10 万军民工匠，耗费 248.5 万两白银。大报恩寺建成后，规模宏伟，占地达 400 余亩，北起秦淮河畔，南到雨花台，周长达九里十三步，民间有"骑马关山门，九里十三步"的说法。寺内有金刚殿、天王殿、正佛殿、观音殿、放生亭、香水河桥等佛教建筑，另有僧房、禅房若干，供僧人修行，寺院还多聘请全国各大佛教教派高僧大德来此讲经、修学。

"南朝四百八十寺，剩有长干古刹雄。拓地规模如大内，凭高形势尽江东。"清代诗人潘耒的这首《报恩寺》，以"凭高"二字道出了大报恩寺建筑群中最引人注目的一座建筑——九级琉璃宝塔。大报恩寺琉璃塔由朱棣任总设计师，建成后成为当时名副其实的"天下第一塔"。综合各类文献记载及画作，可知琉璃塔共 9 层，通高约 78 米，相当于现在 26 层楼高，是中国古代有文献记载最高的建筑之一，塔内设台阶 184 级，游人可借此登顶，尽览金陵胜迹。塔平面为八边形，有基座，首层作"副阶周匝"，四面开拱门，自首层向上渐有收分，上层各层均八面开门，四实四虚。塔檐共挂 152 只檐铃，随风摇曳，日夜作响，伴着寺院内的诵经之声，声闻数里。塔刹铁制，镶嵌金银珠宝。

琉璃塔主体为砖砌，除塔顶"管心木"外，其余用料均为琉璃。琉璃，亦作"瑠璃"，是一种低温釉陶器，其色彩纷呈、晶莹剔透、光彩夺目。琉璃自北魏出现之后，一直作为最高等级的建筑材料用于皇家建筑之中，在当时也是"准宫阙规制"最直观的体现。整个塔为碧瓦、白墙、朱栏、彩门。首层塔的四扇拱门，以巨石砌筑，门框饰有狮子、飞羊、白象、飞天等佛教题材的五色琉璃砖。塔上所使用的琉璃构件全部手工制作，每一件都不尽相同，这是大报恩寺费时 17 年才建成的重要原因。另据史料记载，造塔之琉璃构件全部一式三份，一份用于建塔，其余两份墨书编号藏于地下，以备日后修缮之用，考古发掘时在塔附近出土大量相关琉璃构件，也证实了史料记载的真实性。

大报恩寺与琉璃塔建成之时，明成祖朱棣早已去世，彼时在位的明宣宗下旨大斋七日夜，点燃 9 层长明塔灯，此后的明清两代，144 盏长明塔灯昼夜通明，白天似金轮耸云，夜间似华灯耀月，寺内香火与塔灯烟火升腾入云，煞是壮观，为"金陵四十八景"之一。

现存于南京博物院中的大报恩寺琉璃塔的琉璃拱门件

　　大报恩寺所处的长干里，自东吴建初寺以来，塔寺更迭，香火不断。佛塔下置地宫，乃佛教建筑传统，大报恩寺也不例外。在尘封了几百年后，2008 年，大报恩寺地宫重新开启，恭请出阿育王塔中的佛顶真骨，这是世界现存唯一一枚佛祖释迦牟尼涅槃后的真身顶骨舍利，是佛教世界无上珍贵的圣物。盛放这枚舍利的共有五重容器，从外向内依次是石函、铁函、阿育王塔、金棺银椁和金棺。2011 年，大报恩寺地宫被评为"2010年度全国十大考古新发现"，2013 年被国务院公布为全国重点文物保护单位。

　　明末文学家张岱在《陶庵梦忆》中写道："非成祖开国之精神、开国之物力、开国之功令，其胆智才略足以吞吐此塔者不能为焉。"道出大报恩寺琉璃塔建设的前无古人之规格与精巧，然其壮观与辉煌，又不仅闻名于明清国土之内。随着明代欧洲传教士、商人和游客等到访中国，大报恩寺琉璃塔逐渐进入欧洲人的视野之中，被当时西方人视为代表中国的标志性建筑，欧洲人还为其起了一个虽不太准确，但足够响亮的名字：

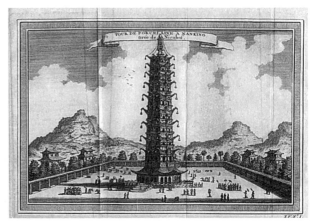

荷兰画家约翰·尼霍夫及其所绘大报恩寺塔

"The Porcelain Pagoda of Nanking"——"南京瓷塔"。一些欧洲学者还将南京大报恩寺琉璃塔与罗马古斗兽场、土耳其索菲亚大清真寺、英国索尔兹伯里巨石阵、意大利比萨斜塔、埃及亚历山大地下陵墓以及我国的万里长城，并称为"中古七大奇观"，代表了当时人类所能达到的最高建筑成就。

欧洲人首次见到大报恩寺琉璃塔，应该是在素描画家约翰·尼霍夫（Johan Nieuhoff）的画作之中。1654年，荷兰东印度公司董事会派遣使团访问中国，约翰·尼霍夫作为随团画家，将他在中国的见闻浓缩成150幅素描画出版发行。在他的南京画作中，他描绘了秦淮河岸、南京街道的景象，并重点描绘了大报恩寺全景，还为琉璃塔作了一幅"特写"。他还用文字对琉璃塔大肆渲染和热情推崇，甚至说道："我，一名基督徒，竟然会对一座异教的庙宇如此折服！"然而，尼霍夫的画中却出现了一个致命的错误，他误将琉璃塔绘制成了10层，这导致后期欧洲国家在仿造琉璃塔时，大多修建成了10级宝塔，与中国宝塔皆为单数层数的传统相背。尼霍夫之后，又陆续有画家、传教士等来访中国，通过文字与绘画，为欧洲展示了大报恩寺琉璃塔以及其他壮丽辉煌的中国城市与建筑，直接推动了18、19世纪欧洲文化领域"中国风"（Chinoiserie）的产生。

然而，这座"中国之大古董，永乐之大窑器"的琉璃塔，在雷击、火灾、地震等灾难中傲然屹立了429年后，终在太平天国冲天的炮火与爆炸声中，轰然倒塌。1856年，太平天国内乱，因担心翼王石达开部队占据南京制

1872 年，一名僧人走过大报恩寺塔的废墟

高点后会向城内发炮，北王韦昌辉下令炸毁琉璃塔，在疯狂的炮火上下交攻之下，"数日塔倒，寺遭焚毁"（张惠衣：《金陵大报恩寺塔志》），傲然于世界几个世纪的奇观琉璃塔，再无佛经诵读之声，唯有末日浩劫般的悲歌在废墟瓦砾之上声声回响。

念念不忘，必有回响，大报恩寺和琉璃塔虽然早已从人们的视线中逝去，但在历史上所留下的浓墨重彩的篇章却从未被人们忘却，并在一次次传颂中成为人们的共同记忆。2007 年，大报恩寺和琉璃塔重建工程正式启动，由著名古建筑专家、东南大学建筑系教授潘谷西先生主持规划设计，东南大学团队在对遗址进行全面的调查研究后，终使大报恩寺及琉璃塔重获新生。2015 年底，南京大报恩寺遗址公园正式开放，新建的轻质钢架玻璃塔形保护建筑如今又成为南京城流光溢彩的新地标。

鸡笼禅烟：鸡鸣寺

1934 年，朱自清在散文《南京》中写道："逛南京像逛古董铺子，到处都有些时代侵蚀的遗痕。……我劝你上鸡鸣寺去，最好选一个微雨天或月夜。在朦胧里，才酝酿着那一缕幽幽的古味。你坐在一排明窗的豁蒙楼上，吃一碗茶，看面前苍然蜿蜒着的台城。台城外明净荒寒的玄武湖就像大涤子的画。豁蒙楼一排窗子安排得最有心思，让你看的一点不多，一点不少。寺后有一口灌园的井，可不是那陈后主和张丽华躲在一堆儿的'胭脂井'……"朱自清先生笔下的鸡鸣寺，位于南京市玄武区鸡笼山东麓山阜上，是南京最古老的梵刹之一，至今仍香火旺盛，游客如云。

鸡鸣寺所在鸡笼山，始因形似鸡笼而得名；南朝齐武帝到钟山射雉至此闻鸡鸣，故又名鸡鸣山；明初设观象台于山上，又名钦天山；清朝初年，山上建北极阁后，民间俗称此山为北极阁，北极阁一名沿用至今。

孙吴时期，现鸡鸣寺处始建一寺，因靠近鸡笼山北的栖玄塘得名"栖玄寺"，吴末毁。南朝刘宋时期，建平王刘宏临终嘱咐将鸡笼山处府第舍宅为寺，名"栖元寺"。南朝梁武帝普通八年（527 年），现鸡鸣寺处建同泰寺，属著名的皇家宫苑华林园，寺内有九层浮屠一座、七层大佛阁一座、大殿六所、小殿及堂十余所，十方银佛、十方金佛。梁武帝萧衍笃信佛教，先后四次"舍身"入寺做和尚，均以群臣筹巨款为其"赎身"告终，由此为寺募得巨款营建楼宇，整个寺院规模宏大、金碧辉煌，无愧于"南朝四百八十寺"之首的赞誉，鸡鸣寺现亦称本寺为"南朝首刹普济道场"。梁武帝在位时常在寺内讲经说法，还曾迎达摩入寺同其论道，而后鸡鸣寺遂认达摩为本寺的祖师。梁大同十一年（545 年），寺内九层浮屠遭雷击焚，连同整个寺院被毁，梁武帝意重建十二层宝塔及寺院，然"将成，值侯景乱而止"。五代十国杨吴顺义二年（922 年），取同泰寺旧址一半建千佛院。南唐时改称净居寺，建涵虚阁，后改为圆寂寺。宋代，再分其半建法宝寺，寺院规模日渐式微；宋末，终遭战毁。元代，鸡鸣寺皇家寺院恢宏之势不复。

　　明洪武十八年(1385年)，明太祖朱元璋以其地风景秀丽，敕建鸡鸣寺，便是今日所见鸡鸣寺的开始。《金陵梵刹志》载："入寺，曲廊迤逦，经数门至佛宇，皆从复道陟降而进，若行数里。"寺院原有山门三道：秘密关、观由所、出尘径，均由朱元璋赐名。寺内有大殿：天王殿三楹、千佛阁三楹、正佛殿五楹、五方殿五楹四座；有配殿：左观音殿、右轮藏殿、左伽蓝殿、右祖师殿各三楹四座，另有凉亭一座、钟鼓楼各一座、方丈三楹、禅堂三楹、公学五楹、凭虚阁五楹、施食台一座、僧院三十三房、伽蓝堂一楹、十方堂三楹、斋堂三楹、附属建筑若干，山巅有五层志公塔。这是鸡鸣寺建设的高潮。弘治年间，寺经百年，历劫灾毁，不胜风雨，便重修鸡鸣寺；清代康熙年间，寺已严重损毁，遂改建大修；乾隆南巡，将凭虚阁作为行宫，赐"古鸡鸣寺"匾额；咸丰年间，寺毁于兵火；同治年间，退居山巅重建寺院，规模较明代又小；光绪年间，殿后经堂改建为"豁蒙楼"，取杜甫诗"忧来豁蒙蔽"之意；1914年，寺僧石寿、石霞又于豁蒙楼旁增建"景阳楼"，立"古胭脂井"碑；1958年鸡鸣寺

民国年间的鸡鸣寺

如今的鸡鸣寺建筑群

改为尼众道场;"文革"中寺内佛像俱毁,后为南京无线电元件厂占用,1973 年不慎失火,寺院日益残破。

1979 年,为保护名胜古迹,南京市人民政府决定重建鸡鸣寺,并使其恢复至明末清初规模,由南京工学院建筑系潘谷西、杜顺宝教授规划设计,宗诚法师、莲华法师主持工程。自 1983 年起,工程分 6 期进行,历经 20 余载。设计者着重处理历史文化环境,平衡城市中新老建筑以及自然景观诸关系。重建设计以"环境清幽,风格简朴,空间小巧,禅院寂寂"为风格与尺度的标准,保留了建筑群依山就势、据巅临湖的历史格局,重建了观音殿、大雄宝殿、豁蒙楼、景阳楼等历史建筑,并将豁蒙楼局部升高为三层,使其成为观赏湖光山色的佳处,并按明初形制与式样营建了七级八面、高 44.8 米的药师佛塔,内供药师佛。整个建筑群充分利用地形、强化了观景优势,建筑群轮廓线跌宕丰富。殿堂建筑不绘彩画,造型简洁有力,规划空间分隔成小院,青石栏杆,一切务实求简朴。

目前鸡鸣寺内的建筑物包括:老山门、新山门、大照壁、达摩殿、天王殿、毗卢宝殿、铜佛殿、观音殿、钟楼、鼓楼、大悲殿、祖堂、宗诚老师太纪念堂、药师佛塔、藏经楼、豁蒙楼、景阳楼、上客堂、客堂、斋堂、僧寮、慈航桥、尼众佛学院、菩提轩、般若廊等。

鸡鸣寺的老山门

作为历史悠久、香火旺盛、文化底蕴深厚的千年古刹，鸡鸣寺是历代帝王、达官显贵与文人雅士的倾心之地。天监六年（507 年），我国哲学史上著名的神灭论与神不灭论的论道便在这里；达摩与梁武帝曾在同泰寺谈禅论道；朱元璋敕建鸡鸣寺；康熙、乾隆南巡至此为其题字；张之洞为纪念杨锐命建豁蒙楼；抗日将军钮先铭于此避难；胡适、郭沫若、朱自清、徐悲鸿、黄裳、冯亦同、张爱玲等皆曾在此留下足迹。

鸡鸣寺作为南京城内延续时间最长、香火最盛的寺庙之一，经常举办佛事活动。如今，鸡鸣寺南有中国科学院南京分院、中国科学院南京地质古生物研究所，东有南京市政府大院，西有北极阁江苏省气象台，北有明代古城墙——台城和"金陵明珠"玄武湖，可谓是政治、宗教、科学与历史和谐相处之灵地。20 世纪 90 年代开始，鸡鸣寺前成排的樱花树被栽种起来，平日里市民们都会坐着公交车来观赏樱海，然后去寺里上炷香求个签，再去素菜馆点一份斋饭，俯瞰玄武湖，暂时逃离喧嚣的都市。胜放的樱花与千年古刹交映，法音和谐，一派生机，着实已成为南京一张独特的城市名片。

江南第一建筑群：朝天宫

　　南京秦淮河北岸，水西门内莫愁路东侧山上，绿树丛中掩着红墙黄瓦的巍峨殿阁，这里是江南地区现存规模最大、等级最高、保存最完整的明清官式古建筑群——朝天宫。"朝天宫"之名，系明洪武十七年（1384年）太祖朱元璋下诏亲赐，取"朝拜上天""朝见天子"之意。明清两代被誉为"金陵第一胜迹"，"金陵四十八景"中"冶城西峙"便指朝天宫。

　　朝天宫现存建筑为清同治年间重建，20世纪八九十年代由东南大学建筑系潘谷西教授主持进行了维护和修复。现建筑群坐北朝南，占地面积7万余平方米，建筑面积3.5万平方米。

　　历史上，朝天宫处曾为冶铸作坊、苑囿、寺庙、道观、宫殿等，其中作为道观的历史最长。其起源可追溯到春秋至三国时期，朝天宫后山设冶铸作坊，后逐渐聚集人口，形成南京最早的城邑之一——"冶城"，此山被唤"冶山"，成为南京最早的工业中心。东晋时期，冶山为司徒王导的私人苑囿——"西苑"，成了文化气息浓郁、风景宜人的园林景观。南朝时期，冶山建"总明观"，为南方最早的国家级社会科学研究机构，下设文、史、儒、道、阴阳五门学科，祖冲之为"总明观"里科学研究成就最大者。唐代，冶山上建起道教宫观"太清宫"，此后这里逐渐转变为道教场所，李白、刘禹锡等诗人曾先后登临。此后的宋元两代均为道观。

　　明洪武十七年（1384年），朱元璋下诏重建殿阁，赐名为"朝天宫"，不仅将其作为皇室贵族焚香祈福的道场，还作为举行祭天等国家大典前和官员及官宦子弟袭封前学习、演习朝拜天子礼仪的场所，并建有习仪亭；因其位于冶山之上，民间百姓便称其为"冶山道院"。朝天宫还一度成为全国道教中心。明末，朝天宫部分建筑毁于战火。

　　清初至道光年间，朝天宫仍为道观，规模渐大，香火甚旺，康乾二帝南巡均游至此。太平天国建都南京，朝天宫被改为制造和储存火药的

朝天宫建筑群鸟瞰

"红粉衙"，某种程度上恢复了"冶山"的最初功能。太平天国失败后，江宁府学及文庙迁址于此，重建宫宇，沿称朝天宫。朝天宫现存建筑大部分为清同治年间重建，形成中路为文庙，东为江宁府学（包括学署、名贤祠、乡宦祠等），西为卞公祠和卞公墓的三条轴线的格局。至此，朝天宫由道教中心变身为儒家圣地。又几经兴废，1957 年，朝天宫被列为江苏省重点文物保护单位。20 世纪 80 年代，朝天宫进行了维护和修复，辟为南京市博物馆，并将古玩市场纳入其中，朝天宫很快便成为附近居民的休闲聚集地、秦淮风光带上的重要景观节点。2013 年，朝天宫被列入全国重点文物保护单位。

朝天宫建筑群中路的文庙，是江南地区文庙建筑的典范，基本保留了明清宫殿式建筑形制，由中轴线上的四进院落和最北端的园林组成。

第一进院落由万仞宫墙、泮池、棂星门及东西两牌楼围合成，是前导仪礼空间。万仞宫墙，名称来自《论语·子张篇》"……夫子之墙数仞，不得其门而入，不见宗庙之美，百官之富"，初以"数仞"来形容孔子家围墙高度，后延伸至"万仞"来赞颂孔子知识之渊博、道德之高尚，成语"夫子之墙"亦出自于此。万仞宫墙又称影壁，位于建筑群最南端，南面河道，全长近百米，有入口屏障及文化象征的功能。宫墙之北为泮池，又称泮宫，是围以石栏的半月形石砌水池，下有二涵洞原与古运渎相通。万仞宫墙与泮池东西两宫墙，各设砖作黄色琉璃瓦顶牌楼一座，三间三拱门，中门最大，其上有砖额，东为"德配天地"，西为"道贯古今"，为曾国藩所书。两牌楼之外设下马碑，以示对孔子之尊重，今仅西碑遗存。泮池之北棂星门，为一座四柱三楹的黄色琉璃瓦顶木牌楼，施斗拱，门上装饰精美，四柱南北各有雌雄石狮二对。除传统文化上的象征意义，几十年来，棂星门前数十级台阶旁的长条石，还担任着"滑梯"的职责，石头上渐渐有了凹痕后便被戏称为"屁股沟滑梯"。市井的"屁股沟滑梯"与"朝拜上天"的宫室、世俗与儒家和皇权在此处融合，神圣之地变得可爱活泼起来。万仞宫墙、泮池及棂星门均为文庙建筑标配。

棂星门内，东为文史斋、司神库，西为武吏房、司牲亭，北为大成门，一起构成文庙的第二进院落。大成门（"大成"取《孟子》"孔子之谓集大成"之意），又称"戟门"（因旧时门口设有木制无刃仪仗之物——门戟而得名，门戟数目根据建筑用途及等级各有定制，以示威仪隆重）。虽称门，但实际上为面阔五间、进深三间的重檐歇山黄色琉璃瓦顶建筑，是在明代朝天宫三清殿基础上改建而成的，是文庙建筑中的最后一道大门。明间及两次间分设三扇朱红色大门，重大仪典之日中门供祭司官员出入，随从人员从左右两门出入。大成门门槛甚高，意在提醒谒圣者应

朝天宫内的大成门

心怀崇敬、举止端正。

大成门两侧设更衣所、祭器库、礼器库、廊道等，与大成门、大成殿和东西两庑围合成文庙的第三进院，是主祭空间。第三进庭院开阔，南北及东西方向于中部交错成十字形道路，路面铺有青石板，余处植绿地树木。庭院北端为文庙中最大的主体建筑——大成殿，五进七间，大殿前后设廊，斗栱陈列，勾心斗角。建筑整体红色，重檐歇山黄琉璃瓦屋顶，殿前设凸字形拜台，用于祭拜，拜台围以石质雕栏，四角刻有螭首，前后台阶中部均有浮雕龙陛。殿内正中曾供"大成至圣先师之位"，该殿现作南京市博物馆"南京历史文化陈列"之用。大成殿东侧前方，陈列着近6米高的明碑，上为大学士商辂撰写的《奉敕重建朝天宫碑》，是研究明代朝天宫沿革、规制、布局等的重要史料。

大成殿向北，为崇圣祠，又称先贤殿、先贤祠，为供奉孔子先祖的祠堂。三进五间，与其他中轴线建筑的屋顶不同，其为单檐歇山绿琉璃黄剪边屋顶，殿前设两层台基，围以石栏。整栋在建筑形制上低于大成殿，与大成殿及东西两配殿形成第四进院落。东侧有飞云阁、飞霞阁，阁前有八角攒尖顶御碑亭，亭内碑上刻有乾隆帝五次游朝天宫时所题诗文。

中轴线末端有园林一隅，面积虽小，但山水亭台一应俱全，绿树掩映。最高处建一八角亭，名曰"敬一亭"。《明史》载，明嘉靖五年（1526年）"颁御制《敬一箴》于学宫"，各地学宫纷纷将《敬一箴》箴言建亭供奉，形成定制，成为文庙建筑标配之一。

朝天宫的建筑布局、式样、营造技术等，是研究明清建筑的重要实物资料，具有极高的历史、艺术、文化和建筑价值。如今，朝天宫利用古建筑群特有的文化氛围，向市民展示南京古都的历史文化。朝天宫这一处曾有冶铸作坊、苑囿、寺庙、道观、宫殿等功能的建筑群，现仍在不断拓展着其功能、变换着其身份，"江南第一建筑群"的称号将贯古今。

秦淮风韵：夫子庙和贡院

金陵文化诞生于自东水关至西水关全长 4.2 公里的内秦淮河，这是南京的母亲河，被称为"中国第一历史文化名河"。自六朝起，秦淮河两岸便聚居了名门望族，沿岸商贾云集，人文荟萃。秦淮北岸，有一组闻名于世、居东南各省之冠的文教建筑群——夫子庙建筑群，千百年来，一直讲述着十里秦淮的繁华风韵和百听不厌的人文故事。

夫子庙，是祭祀我国古代著名思想家、教育家孔子的庙宇，即孔庙，又称文庙。古时立学必祀奉孔子，因此孔庙定是庙附于学，与国学、府（州）学、县学联为一体。南京夫子庙始建于北宋初年，由新建的孔庙与迁移于此的府学学宫组成，为前庙后学的布局。经历代发展，这里成为中国四大文庙之一，中国古代江南文化枢纽之地，明清时期南京的文教中心。南宋年间，夫子庙东侧兴建贡院，作为府、县学考试的场所。始建规模并不大，后经扩建，到了明代，贡院已为"天下贡举首"（明·吴节《应天府新建贡院记》）。清代，江苏、安徽合设江南省，科举考场设于此，

夫子庙建筑群前的秦淮河和照壁

这里便成了中国古代规模最大的科举考场，始称江南贡院。

今日所说的南京夫子庙，实则是由孔庙、学宫及其东侧的贡院共同组成的一大组古建筑群的代名词，是最为人所熟知的秦淮名胜之一。

孔庙及学宫，始建于北宋景祐元年（1034 年），原为南北相接的两组建筑，后融为一体，今日所见之格局，为 1984 年在参照明清两代形制的基础上重建而成。从南至北，孔庙建筑群依次为：照壁、泮池、天下文枢坊、聚星亭、棂星门、大成门、碑廊和大成殿，学宫建筑群紧临大成殿之北，依次为：学宫院门、明德堂、明德堂两厢、尊经阁、尊经阁两厢、敬一亭、崇圣祠、青云楼等。

照壁，是整组建筑的开端，立于秦淮河之南，也是整组建筑中保存最好的明代遗物，全为城砖砌筑，全长 110 米，高约 10 米，规模为全国照壁之最。照壁上有两条金龙戏珠，夜色中点亮后，伴着水中闪烁着的倒影，流光溢彩。照壁之南的泮池，形制源自于周礼，《礼记·王制》中记载："小学在公宫南之左，大学在郊，天子曰辟雍，诸侯曰泮宫。"中国古代帝王学宫为"辟雍"，周以圆形池水象征学海；地方官学在等级上不得高于帝王之礼，故只以半水环之。不同于其他地区的孔庙泮池均为人工开凿的做法，南京夫子庙依托秦淮河，以天然活水作为泮池，

天下文枢牌坊

大成殿

实属中国孔庙中的孤例。游人可在泮池北岸凭栏小憩，观河上游船及岸南照壁之风光。自此向北为开阔的夫子庙广场，广场上立天下文枢牌坊：四柱三门，朱漆青瓦，该处古时为入孔庙的步道起点。广场左右原对设"聚星""思乐"二亭，后将思乐亭移至东市小广场。现广场上存"聚星亭"一座，六角八面二层，飞檐起翘。与天下文枢牌坊相对的，是棂星门，此为孔庙的第一道大门，全石结构，六柱五槛三门，门柱作华表状，重建时将原物遗留下的一个抱鼓石和一云纹望柱嵌于其中，"棂星门"三字为清代书法家王澍所写。过了棂星门，迎面便是大成门，因孔子对前人文化学说有"集大成"之功，故得名。虽称门，但实际上为四槛三门的重檐歇山顶建筑，为孔庙建筑中的最后一道大门。祭祀期间，大成门供祭司官员出入，士子随从只能从左右另辟的角门通过。入大成门循甬道向前，便是孔庙的主殿——大成殿，殿正中悬全国最大的巨幅孔子画像，殿内四周挂38幅孔子圣迹图，殿前立全国最大的孔子青铜像，像前步道两旁置孔子八位贤人弟子（闵损、冉耕、冉求、冉雍、仲由、言偃、宰予、端木赐）的汉白玉像。大成门与大成殿间东西向的碑廊内，则陈列了历

民国年间江南贡院的明远楼

如今整修一新的江南贡院

代墨宝石碑。

孔庙大成殿以北，便是学宫建筑群。穿过大成殿，便是学宫的院门，与北侧明德堂所围合成的四合院明朗宽敞，东设钟亭、西设鼓亭。明德堂为学宫第一进的主体建筑，是科举时期的集会场所，学子每月朔望都于此听训导宣讲。钟鼓亭东西两厢原为学子读书学习的自修室，称"志道""据德""依仁""游艺"四斋。尊经阁位于明德堂之北，为学宫的第二进的主体建筑，原为上下两层，一层授课讲经，二层藏书之用，后重建为三层。尊经阁北的卫山之上，有敬一亭，为孔庙必配之建筑形制（《明史》载，明嘉靖年间"颁御制《敬一箴》于学宫"，各地学宫便纷纷将《敬一箴》箴言建亭供奉，形成定制，成为文庙建筑标配之一）。崇圣祠位于尊经阁之北，为供奉孔子先祖的祠堂。

如今夫子庙两侧的东西市场，原为学宫前甬道。东甬道是学宫正门，门前坊上书"泮宫"，即学宫。废科举后，学宫甬道逐渐变成贩卖市场，即今日所见的东西市场。

江南贡院，位于夫子庙东，又称南京贡院、建康贡院，始建于南宋乾道四年（1168 年），经历代修缮扩建，规模渐大，明清时期达到鼎盛，东起姚家巷，西至孔庙，南临秦淮河，北抵今建康路。贡院整体四方周正，鼎盛时期内有考生号舍（俗称考棚）20644 间，一人一间，即可容纳 2 万人同时考试。直至清光绪三十一年（1905 年），袁世凯、张之洞奏请清廷立停科举，以便推广新式学堂，江南贡院从此退出历史舞台。民国时期，贡院被拆除，渐辟为商贾闹市，贡院建筑仅留明远楼、飞虹桥及明远楼东西两侧少量号舍。

明远楼，始建于明代，于清道光年间重建，是贡院内最高的中心建筑。"明远"取《大学》中"慎终追远，明德归厚"之意。明远楼平面正方形，三层木构，一层四面辟圆拱门，四檐柱自下通顶，二、三层四面皆开窗，登楼环顾，其下考棚一目了然，考试期间考官和执事官员于此监视考场、发号施令。如今明远楼与至公堂、新建号舍等共同组成江南贡院历史陈列馆，这是中国第一座反映科举制度的专业博物馆。

考生号舍则无门、无窗、无桌椅，三面墙围成"凹"字形的空间，仅可容一人活动，九天内举子们便在其内考试、食宿。号舍皆南向成排，以《千字文》编号，长者达百间，短有五六十间。

江南贡院为中国古代社会的发展输送了大批精英知识分子。文天祥、唐伯虎、吴敬梓、郑板桥、吴承恩、施耐庵、方苞、邓廷桢、翁同龢、张謇，以及中国最后一名状元刘春霖，均曾在此会考，清代重臣李鸿章、曾国藩、左宗棠和林则徐都曾就任江南贡院的考官，贡院之繁盛可见一斑。

夫子庙与贡院作为科举制度的物质遗存，见证了中国古代教育制度的兴衰。同时，也见证了夫子庙地区因科举考试而百业应世（旅馆客栈、茶社酒楼、书肆文具等）、日渐繁盛的商业发展。"一带秦淮河洗尽前朝污泥浊水，千年夫子庙辉兼历代古貌新姿。"这是夫子庙重建的思乐亭上镌刻的一副楹联，桨声灯影，秦淮岸边，夫子庙灯会人潮熙攘，再未有赶考人心慌之声，但常有古人望尘莫及之璀璨灯火。

金陵九十九间半：甘熙故居

倘若谈起南京民居建筑的代表，那一定非甘熙故居莫属，这片隐于闹市之中的建筑群，白墙与灰瓦相衬，于不起眼的南捕厅小巷中，见证了甘氏家族与古城金陵200多年的悲欢离合，如今旧貌换新颜，变身为南京市民俗博物馆，是诉说和体验南京地方文化的绝佳载体。

甘熙（1797～1857年），道光十八年（1838年）进士，曾任礼部仪制司及户部广东司兼云南司主稿，晚清南京著名文人、金石家、藏书家，著有《白下琐言》《桐荫随笔》《栖霞寺志》和《重修灵谷寺志》。

南京甘熙故居始建于清代雍正初年，又称甘熙宅第或甘家大院，包含了南捕厅15、17、19号和大板巷42、46号院落，东南角为园林，是南京现存面积最大、保存最完整的私人民宅，民间称其为"九十九间半"。1982年被列为南京市市级文物保护单位，2006年被列为第六批全国重点文物保护单位。

"九十九间半"，是对江淮等地区大型"多路多进"建筑群的民间俗称，南京地区尤多，多为民居，偶有寺院、宗祠等。其虽名为"九十九间半"，但所指并不是实际的数字概念，而是用以形容建筑群规模之宏大。中国古代最大的皇家建筑群故宫，俗称"九千九百九十九间半"；最大的官府建筑群曲阜孔府，俗称"九百九十九间半"；最大的民居建筑群，则为"九十九间半"了，从中可以看出明显的等级制度。为何称"九"和"半"呢？有学者认为，中国古代以"九"为阳数的极数，"九"又与"久"同音，有吉祥之意；而半间既表示没达圆满的谦虚，又有仅差半步的得意之情。

何又为"间"呢？中国古代单体建筑，通常以"间"和"架"来衡量建筑物的大小。梁与梁间——即两排纵向立柱之间所围合的空间，称"间"，是计量房屋横向面阔的单位；而两排横向立柱之间所围合的空间，称"架"，是表示房屋纵向进深的单位。甘熙故居名曰"九十九间半"，实则现存300余间，因建筑等级的限制，宅第内房屋最多为三开间，大小天井庭院36个。

甘熙故居鸟瞰

甘熙故居虽始建于清,但甘氏家族血脉可追至秦汉,千百年来甘氏家族能人辈出,如秦丞相甘茂,东吴名将甘宁、甘卓,清代名士甘福、甘熙、甘元焕等。甘氏家族后发展成江南望族,富甲金陵,以藏书、文学、地学闻名,近代甘家的甘贡三和他儿子甘南轩、甘涛、甘律之等均为南京曲艺界的名人。

甘熙故居,原是甘熙的父亲甘福于道光年间于旧宅之上扩建而成的,当时名为"友恭堂",寓意家族和睦团结,体现甘氏家族的儒家孝悌之道。"友恭堂"建筑现位于南捕厅15号内,共计6进,是建筑群中进数最多、面积最大、结构最复杂的一组。"友恭堂"规模日渐宏大,因甘熙在家族中颇有名望,便以他之名冠家宅之名。甘熙故居内原有江南地区最大的藏书楼——津逮楼,始建于清道光十二年(1832年),上下三开间重檐,仿宁波"天一阁"建造,后毁于太平天国战火,甘氏多年来悉心珍藏的十万余卷典籍、书画、金石损毁殆尽,甘氏后人后将楼内所遗捐赠给了现南京图书馆古籍部。如今宅第内复建津逮楼,为南京地方文献资料中心。大板巷42号为原甘熙住所,扩建自所购明代老宅,是南京地区难得一见的明代厅堂式建筑。此外,宅第中还有嵌有36块宋砖、位于津逮楼旁的

甘熙故居内的藏书楼——津逮楼

书室——"三十六宋砖室"，全宅最高点——望月楼，优秀的民国建筑——听秋阁等著名建筑。

甘熙故居的整体格局营造讲究风水，严格按照封建社会的宗法观念及家族制度布置，讲究子孙满堂、数代同堂等封建道德观，体现了儒家礼制精神。与中国传统建筑群坐北朝南的布局不同，宅第建筑群中南捕厅15、17和19号三组建筑均坐南朝北，相传原因有二。其一，甘氏经商起家，风水学讲商家门不宜南向，坐南朝北，利于生意场上逢凶化吉；其二，甘氏家族由北南迁，坐南朝北，以感念祖先。

宅第规模宏大，历经甘家几代人建设完成，因此在院落组合上具有一定的灵活性，其南北纵向空间组织较为严谨，而东西横向空间组织便稍显散漫，使得建筑群内空间丰富多变。但其十分在意中央轴线，在此讲究对称布局，主次分明、中高边低、前低后高。宅第整体为多进穿堂式建筑，由多重院落组成，院落为典型的南方"四水归堂"形制，体现了甘氏家族"以聚为本"的家族经商理念。院落轴线上依次有门厅、轿厅、大厅、响厅、内厅等建筑，还有主人房、佣人房、厨房、备弄及其他服务用房等建筑。建筑群内虽有房间"九十九间半"，但却只设一个主入口，

甘熙故居内的院落大门

若想进入宅内，必须通过该入口，体现了中国封建家庭不另立门户的传统观念。每组建筑之间由马头墙相隔，庭院及天井内铺地均以石板、砖、瓦或卵石等拼成图案，空间较大的庭院内点缀有山石花木。建筑的门窗、梁枋、天花、栏杆、隔断、铺地等处均有木雕或砖雕装饰，其上所饰题材丰富，有人物、花鸟、走兽、文字、民间故事、神话传说等，图案精美、寓意吉祥。几组房屋最终均通向宅第东南角落所营建的花园。园中精心理水叠山，架桥辟径，种植花木，景色宜人，这种布局方式亦体现了"前实后虚"的大府邸建造理念。整组建筑既有"青砖小瓦马头墙，回廊挂落花格窗"的江南民居的娟秀雅致，又有北方"跑马楼"的浑厚大气，这种南北交融的特色，被中国著名的建筑大师吴良镛先生评为"民俗瑰宝"。

甘熙宅第与明孝陵、明城墙合称为南京市明清建筑"三大景观"，如今被改建成为南京市民俗博物馆，于构思精巧的明清民居建筑中，凝聚了浓厚的古代与现代生活的气息，集游览、休闲娱乐和教育等功能为一体，收集有大量具有南京地方特色的民俗物品，通过展览和工作坊等形式，在不同的层次上将南京地区的民俗文化展示给群众，"九十九间半"不再是名门家族生活聚集的场所，而成为南京"十朝都会"的一张城市名片。

金陵第一名园：瞻园

瞻园，乃南京仅存的两座明、清古典园林之一（另一座为总统府内的煦园），已有600余年历史。瞻园坐落于南京市瞻园路208号，是古城金陵十里秦淮风光带上重要的园林景观，堂宇阔深，园沼秀异。现为全国重点文物保护单位，国家5A级旅游景区，与上海豫园、无锡寄畅园、苏州拙政园及留园，并称"江南五大名园"。

明太祖定都金陵，封开国功臣徐达为魏国公，赐东抵秦淮河畔、西至今中华路的土地兴建府邸。明嘉靖年间，徐达七世孙太子太保徐鹏于此凿池叠山，兴建"西圃"，为瞻园伊始；万历年间，徐达九世孙徐维志购四方奇石，引流为沼，构屋建亭，莳花蓺木，循自然之理、得自然之趣，营造出一方清幽疏朗的天地，此为瞻园私人建园的全盛时期。

清顺治二年（1645年），瞻园之地成为江南省布政使司署，后又作安徽布政使司署、江宁布政使司署，是当时金陵仅次于两江总督府的第二大官衙建筑群，瞻园由私家园林转为官府花园。乾隆皇帝南巡时两度游此，并循欧阳修诗句"瞻望玉堂，如在天上"，赐"瞻园"之名，并亲笔题写了"瞻园"匾额。乾隆帝甚喜瞻园，"并仿其制于京师西郊长春园内，即如园也"。此后，瞻园"竹石卉木为金陵园亭之冠"（《江南通志》卷三十），进入了声名远播的鼎盛时期。1853年太平天国定都金陵，瞻园先后成为东王杨秀清府、夏官副丞相赖汉英府和幼西王萧有和府，因东王名声最显赫，便多称其为东王府。太平天国失败，瞻园惨遭清军破坏，满目疮痍。同治后，虽有三次大修，但难回旧制。民国时期瞻园曾为江苏省公署、国民政府内政部，园内日渐荒残。

20世纪30年代，著名建筑学家童寯对瞻园进行了测绘，从其所绘的《瞻园平面图》中可以看出，此时瞻园规模甚小，具有以山石为主、以水为辅，建筑点缀其间、布局开阔疏朗的特点。

新中国成立后，瞻园被列为省级文物保护单位，1958年太平天国历史博物馆迁入瞻园，1960年起由南京工学院建筑系刘敦桢教授主持，依据史料记载、袁江的《瞻园图》及现场状况，对瞻园作全面的整修和扩建。工程历时半个世纪，前后共分 3 期，三期工程分别竣工于 20 世纪 60 年代、80 年代和 2000 年后。如今，通过半个世纪的堆山理水、复兴园墅，在对园林进行选择性修复的基础上，结合运用苏州古典园林的研究成果，推陈出新，这座蜚声明清"层台累榭，甲于东南"的金陵名园，打开了崭新的一页。

园林布局

瞻园自建园几经兴衰，山水建筑格局已发生很大变化。今日瞻园分为东、西两大片区，东片区主要为太平天国历史博物馆展馆建筑及清江宁布政使司署建筑，西片区为园林。西部片区又可分为南、北两大主体，南园系 20 世纪 60 年代到 80 年代在瞻园旧址上整建并扩建而成的，北园系 2000 年后再次扩建而成的，整体具有"南秀""北雄"的特点。曲折的长廊、迂回的园道、临水所架之桥、环池所筑之径，均为观园之路，曲折幽秘，高低婉转，景色也随之或展开或骤聚，可感受空间幽狭与疏朗的变幻。

瞻园内曲折通幽的观园廊道

叠　山

西部片区的南园以静妙堂为中心，南、北、西各置山水。瞻园"园以石胜"，山石为整个园林的主要景观及骨干空间，其将造景与游憩功能相结合，增强了园区的可玩性。南山较北山小，为刘敦桢先生之作，北山有明代遗构，西山则最高最绵长、最像自然山体。

南山在结构、造型、叠造技术方面，都堪称是佳作。其设计出自刘敦桢之手，施工承苏州韩良源、南京王奇峰两位假山工之匠心，共用1800多吨太湖石，浑然一体，宛若天成。刘敦桢将传统叠石造山技法与现代建造理论相结合，先绘制图样设计，再制作模型推敲，最后比照施工。假山造型上由主峰、山谷、绝壁、洞龛、瀑布、步石、石径等单元组成，最高峰位于南偏东处，沿用了中国绘画将中心偏置的构图方式，整座山山势参差跌宕、主次分明，与山上绿植相结合形成前中后、上中下多个景观层次。其最高峰虽不及10米，山体离静妙堂建筑也仅22米，但却有山谷深远、绿意盎然、水流不尽的效果。

北山在叠石造山上表现出了"一卷代山，一勺代水"的艺术效果，其亦由高低参差、形态各异的太湖石堆叠而成，体积虽大然中部空，山中有自明代就已闻名的瞻石、伏虎、三猿三个山洞，山间有蹬道盘桓，自东西两侧可蹑足登山，颇有登山赏林木之游感。北山精彩之处在于山前的临水小径，明代遗构石矶漫没水中，此做法明代常有，为我国古典园林现存此类叠山中的孤例。

池西山与南北两山景象则完全不同，其偏于园西，为三山中轮廓最高大者，

刘敦桢先生设计营造之瞻园南假山

可阻隔园外干扰。冈阜横贯南北两山，南高北低依势而下，上点缀有左高右低的两座亭子。与南、北两山"石包土"为主的叠山技法不同，西山主要采用"土包石"的建造方式，起伏的土山上叠石缀石，如天然山麓，加上石级、山涧溪流与林木等元素，整座冈阜极具山野趣味。

理 水

瞻园理水以聚为主、分为辅，聚则坦坦荡荡，散则潆洄曲折。叠山理水不能分而言之，有山处必有水，水随山绕，山随水转，北山处北池较南山处南池大，近似方形，水面由桥、步石、矶等划分形成多变的池面；南池则似扇形，由步石散布制造了远近、大小不同的二重水体空间；南北两池以蜿蜒的西涧相沟通，亦聚亦散。园中另有多处精彩水景，池、汀、泉、瀑、溪、潭、峡等景象一应俱全。

建 筑

园中建筑除清代遗物静妙堂之外，均系新建，式样、做法均属苏式。

瞻园内的池水

瞻园静妙堂

静妙堂为三开间硬山顶建筑，室内由隔扇分作南北两部分，20世纪60年代重修时添建水敞轩，使静妙堂在功能及形象上都得到了提升，憩于敞轩，可赏南面山水胜景。园内有一面阔三间厅，内有下端雕成花篮形悬空的两根垂莲柱，取名花篮厅。西山最高点处有一扇形亭，据《游金陵诸园记》及《儒林外史》载，其原为瞻园最高点，以白铜造，亭底挖坑道，可在其中生炭火取暖，白雪皑皑时，可在铜亭内饮酒赏梅。如今园内最高建筑为一览阁，据《瞻园图》复建，登楼远眺，园中美景一览无余。

花　木

瞻园四时景致常新，盖借古树名木、四季花草之衬托。20世纪60年代整修瞻园时，著名园林专家朱有玠负责园内植物景观配置，全园配植讲究寓意造景和以少胜多。

"山得水而活，得草木而茂"，假山之上多植竹木花卉，配以覆盖土石的地被，植物冠状、叶形、色彩、高低及大小的变化丰富了假山景致，其中以西山配植尤佳，山上岁寒亭旁的"岁寒三友"松、竹、梅更是增添了园中高尚的人文情趣。临水之处，多植或可匍匐下垂或可掩映山石的灌木及花草，如探春、迎春、藤萝等，偶配几株石榴、垂柳等，既不遮挡观赏视线，又可丰富池岸线条。曲廊及庭院中，则常以某种单类植物构成主景，如玉兰院、海棠院、桂花院、芭蕉院、金银花院、红枫院等，这些植物既烘托出某种意境情趣，又与建筑相映成趣。园内有一众古树名木，百年香樟、榔榆、女贞、牡丹等，其中静妙堂东侧庭院内，有一株200多年树龄的紫藤，老干虬枝，茎蔓蜿蜒缠绕，苍劲古朴。园子中部留有一片宽敞的草坪，现为盆景园，这是刘敦桢先生在中国古典园林中引入西方古典园林的创意之举，其景观在江南园林中别具一格。

瞻园，这座明代名园，历经百年兴废，终又焕新颜，名噪江南的"瞻园十八景"终回旧制，其典雅精致、宁静隽秀之美景，绵延百年；人文荟萃之历史，不愧于"金陵第一园"之美誉。

暮色中回响：南京鼓楼

　　南京城市中心有一处重要的节点空间——鼓楼广场，因广场西侧明代所建的鼓楼得名。如今的南京鼓楼，位于北京东路、北京西路、中山路、中山东路、中央路五条城市主干道交汇处的西侧鼓楼岗上，建筑本身虽已不再肩负报时功能，但其所代表的城市象征意义及文化内涵，一直被铭记、传承和转化。

　　钟楼和鼓楼是中国古代重要的公共建筑。在没有钟表报时工具的年代，人们依靠对设鼓楼和钟楼，通过"晨钟暮鼓"来大致掌握时间。据记载，中国古代州、府、县治所在的城市都建有钟楼和鼓楼，它们是古代城市布局中重要的组成。

　　南京鼓楼，便是明王朝定都南京时，城市钟鼓楼对设制度的历史见证。朱元璋定鼎金陵，重新规划城市，在宫城、皇城及外廓城均营建完毕后，仿元大都旧制，于洪武十五年（1382年）在城中心建钟鼓二楼，钟楼在西，

位处城市高处的鼓楼公园鸟瞰

鼓楼在东，以晨钟暮鼓，统一全城时间，方便百姓日夜作息，也作催促文武百官勤于政务，京师迎王、接诏、选妃等重大庆典之用。钟鼓楼为明朝都城中最重要的官式建筑之一，堪称明代都城象征之一，规模之宏大，气势之雄伟，皆在当时居全国之冠。

位高方能声远。为使钟鼓之声能传遍全城，并通过建筑语言来彰显至高无上的皇权，便择钟山余脉伸入城市的海拔40米的高岗——即今日鼓楼岗之上，建钟鼓二楼，凭其地势及形制，二楼成为全城至高建筑，因此老南京又有"钟鼓楼，通到天里头"的说法。明代时，钟楼内有鸣钟、立钟、卧钟各一口，清康熙年间钟楼倒塌，唯存卧钟一口，后将其迁至鼓楼东侧新建的大钟亭内。南京鼓楼的建筑主体分下部砖砌基座与上部木构城楼两部分，初始，上下两部分体量相差不大，形制应该与西安、北京等地鼓楼相似。比较特殊的地方是，和绝大多数城市鼓楼都是坐北朝南不同，南京鼓楼却是坐东北向西南，即所谓的斜向设置，这可能与明代南京城从狮子山至通济门西侧形成的"西北—东南"走向的城市中轴线有关。

今日所见鼓楼，城台为明代遗构，以城砖砌筑，城台底边东西长45.81米，南北宽25.07米，高8.9米，基座有明显收分，上部窄于下部，整个基座呈立体梯形，使体量硕大的基座在视觉上显得挺拔稳定。城台南北向辟三个券门，当时为车马通行之通道，两侧券门内侧各设两个藏兵洞，为贮藏器物与马匹之用。基座东西两端各设40级青石阶楼梯，以连通上下，现西侧已毁弃，仅留东侧。据史料记载，当时鼓楼内用于定更所用之鼓，有主鼓2面，群鼓24面，依中国农事二十四节气而设置，另有云板1面，点钟1只，牙杖4根，铜壶滴漏1架，三眼画角24板，现均已不复。明代时基座之上的城楼规模宏大，是当时的高等级建筑，其平面原与基座顶面等大，四周设回廊，屋顶檐口滴水出城台之外。清军入关后，经战火洗劫，鼓楼城楼坍塌，仅余基座。城楼后几经重建、改建，其形制规模逐渐变小，形成了今日硕大基座与较小城楼之间的体量差异。

清初城楼坍塌后，鼓楼几近废弃，康熙南巡至此，登鼓楼基座，凭高远眺，古城风貌尽收眼底，故此楼又得名"畅观楼"。至今楼内尚有

清末老照片中的南京鼓楼

一"戒碑"，立于基座正中，为保护"戒碑"重建楼阁，所以鼓楼历史上亦曾名为"碑楼"，这便有了"明鼓清碑"之说。清初所建碑楼样式已无证可考，今存基座之上的楼阁，是太平天国后，清同治年间始建的。从晚清老照片中可见，当时的鼓楼城楼为二层重檐歇山顶殿堂式建筑，三开间，三进深，四周布回廊，屋角起翘较高，上下檐角的柱下均有斜撑，与今日所见鼓楼形制基本一致。民国年间，国民政府开始了轰轰烈烈的城市建设，鼓楼被多条道路包围，成为街心公园。老照片中可见，鼓楼南立面上部屋顶曾增设天窗，后期修缮时予以拆除。内部改建阁楼，使戒碑穿过二层楼板，即今日所见格局。1923 年，南京鼓楼公园成立，今天的鼓楼广场，便是在此基础上改造扩建而成的。1957 年，南京鼓楼被列为江苏省文物保护单位。

今日所见鼓楼基座以上为重檐歇山顶的二层楼阁建筑，高 14.5 米，三间三进，面阔 13.77 米，进深 10.67 米，通柱造，柱子及墙体均有收分。四周设回廊，廊宽 1.5 米，有 24 根廊柱，梁枋透雕凤凰、麒麟、云鹤等图案。鼓楼内部下层为展览、茶座，上层为贵宾接待使用。

历经 600 余年的重建、改建、加建，如今的鼓楼，明代基座恢宏雄壮，

民国时期的鼓楼

清时殿宇红墙巍峙，其功能从最初的皇家礼制性建筑，转变成了供人游览参观的民间公共开放性建筑，晨钟暮鼓的功能虽已不复，但其作为南京城市标志性建筑的地位却未曾改变。正如陆游所吟"百年鼎鼎世共悲，晨钟暮鼓无时休"，任时光流转，仔细倾听，暮色中南京鼓楼传出的音声似乎依然和畅，起复连环，声声回响。

近风——民国时期的南京建筑

民主共和起航地：江苏咨议局

在今天南京湖南路 10 号（原丁家桥 16 号）占地面积 7 万多平方米的大院内，有一幢法国宫殿式建筑，这里先后曾是清末江苏咨议局、江苏省议会、中华民国临时参议院以及中国国民党中央党部所在地，现为江苏省军区、南京警备区司令部所在地。

1909 年清廷预备立宪，考虑设置江苏咨议局，清朝状元、南通实业家张謇被推选为议长。同年，两江总督端方奏请建造咨议局。张謇委派刚刚毕业的通州师范土木科毕业生孙支厦负责设计咨议局办公大楼。孙支厦奉派以"大清国专员"身份赴日本考查帝国议院建筑。但日方拒绝提供图纸，于是孙支厦独自一个人测绘并画出全部草图。归国后，他吸取西方议会建筑特色，大胆摸索和探新，设计出具有法国宫殿式建筑风格的咨议局大楼，1909 年开工建设，1910 年落成，耗时仅半年。这是中

1912 年南京临时政府参议院开幕典礼

国近代建筑史上最早由本土建筑师设计建造的新型建筑之一。

该建筑为砖木结构，清水砖墙，三角形木屋架，圆拱形窗，地上二层，地下一层，平面呈"口"字形，两层办公楼环绕中部会议大厅（"文革"期间拆除，现为草坪），形成前后两进与东西厢房组成的四合院，占地面积 4600 平方米。前进面阔十间 73.6 米，室内进深 10.5 米，前后有廊，廊宽均为 2.9 米；后进面阔十间 57 米，室内进深 8 米，前后走廊宽均为 2.9 米，全楼总计约 60 间房间。迎面正中上方两层约 10 米的钟楼高耸，上覆法国式孟莎顶（一种方底弯穹隆顶），鱼鳞状青绿铁皮瓦；钟楼两侧屋顶上，对称布置着四坡顶；此外，屋顶上还设有小型的尖塔、烟囱、栏杆以及其他装饰物，形成丰富变化的轮廓线。

该建筑的平面和立面都可分为三段，中部入口设门廊，和两翼凸出部分形成立面的变化和节奏；在立面纵向处理上，明显地划分为基座、墙身和檐口屋顶三段。全部建筑使用了 112 道拱券，另有大量红砖发券的圆拱门窗，勒脚、门楣、檐口、柱头重点以线脚装饰。建筑整体严谨对称，气势雄伟，尽显以卢浮宫为代表的法国古典主义建筑的特征。民

江苏咨议局外观

民国时期作为中央党部时添建的内部礼堂

国后，这里一度为国民党中央党部所在地，并在原主建筑周边新建了礼堂等设施，由基泰工程司的关颂声建筑师设计。

江苏咨议局是一幢建筑，更是一部厚厚的耐人寻味的史书，在中国近代史上的历史价值堪比中山陵、总统府。作为清末民初南京的主要公共建筑之一，在这里曾经发生过一系列重大历史事件，从而使这座建筑成为中国近代风云变幻的重要见证者：这里最早是清末立宪风潮中江苏咨议局的所在地；辛亥革命时十七省独立代表在这里选举孙中山先生为临时大总统，组建了中华民国临时政府；这里曾是中华民国临时参议院和中国国民党中央部所在地；中国历史上第一部体现资产阶级民主的宪法《中华民国临时约法》在这里通过；这里是同意孙中山先生辞去临时大总统，选举袁世凯继任的地方；这里也曾是奉安大典时停放孙中山先生灵柩、设置灵堂的地方；在这里还发生过爱国志士孙凤鸣刺杀汪精卫的事件。抗战时期，该建筑成为汪伪政权的办公地址。1946年国民政府还都南京后，"中央电台"也曾设于此处。1949年南京解放后，整个建筑群作为军队系统用房得到较好保存，可惜的是，大门牌坊以及弧形照壁在城市拓宽马路时被拆除。

民国中枢：总统府

　　长江路 292 号，曾经的清朝两江总督署，民国时期的孙中山临时大总统府、国民政府（总统府），如今是中国近代史遗址博物馆，也是中国近代建筑遗存中规模最大、保存最完整的建筑群，每天吸引着大量游客来到这里参观。1912 年的 1 月 1 日，中华民国在这里宣告成立，从此，中华民族翻开了新的历史诗篇。

　　近代中国史上，恐怕还没有哪组建筑群的重要性可以和这里相比。这里曾是太平天国的天王府，也是在这里，孙中山先生对大量的文稿逐字推敲，常常熬到深夜。孙中山入住总统府的第二天，也就是 1912 年的 1 月 2 号，他便正式发表通电，中华民国改用阳历。1927 年 4 月，国民政府定都南京，总统府再次成为中国政治军事的中枢。也就是从那时起，总统府逐步形成了我们今天所看到的格局。

　　总统府的面积有 9 万多平方米，共分为三块区域：中轴线主要是国

总统府内最早建筑物之一——西花厅

民政府（总统府）及所属机构；东区主要是行政院旧址、马厩和东花园；西区是孙中山的临时大总统办公室、秘书处和西花园，以及参谋本部等。总统府建筑群现存大小建筑物和实体构筑物等总计107幢，单体建筑的类型多样，建造年代分散，风格不一，结构方式多样。总统府范围内年代最为久远的西式建筑乃是1908年两江总督端方建造的一座花厅——西花厅，外观有着显眼的连拱外廊和巴洛克式装饰的抱厦，为典型的欧洲折中主义风格。但当时的西式建筑多用红砖砌外墙，而该建筑的墙体却用中国传统的青砖砌筑，内部仍是砖木结构，在绿树芳草的映衬下，显得格外庄重、典雅。西花厅前也设计成了法国几何规则式花园的布局。

总统府的三个区域中，中轴线上的那段线路，更是见证了民国从兴起到衰落的历程。在总统府约600米长的中轴线上，由南向北依次排列着大门门楼、大堂、二堂和礼堂、会客厅和接待室、政务局大楼和文书局大楼（又称子超楼）。总统府外观最具标志性的建筑无疑是入口的西式大门，原为两江总督署西辕门，国民政府成立后，蒋介石认为此门有碍观瞻，于是下令改建为钢筋混凝土的三层门楼，于1929年末建成。门楼总高13.5米，设三孔券洞，八根罗马爱奥尼柱紧贴门壁，内部安排

总统府大门现状

多间房间，外部正对面砌一大照壁，门前一对石狮是清两江总督署辕门的遗物。整座大门厚实坚固，宏伟气派，是典型的仿凯旋门式样的西方新古典主义风格建筑。门楼上方原塑有谭延闿所书"国民政府"大字，1948 年"行宪国大"后更换为"总统府"三字，沿用至今。

中路轴线上起始处的大堂为两江总督署时期规格最高的建筑，迄今一直保持当初采用的中国传统官式木构建筑的形象：单檐硬山顶，灰黑色蝴蝶瓦。主体面阔七间，进深五间，长约 33 米，宽约 20 米，大堂东西两侧各有一耳房，存放仪仗。前部为一悬山顶的抱厦与主体部分连成整体，面阔五间。室内屋架露明，装修简单，尚存少量砖石雕。从形制到内部装饰，大堂建筑都堪称俭朴素雅，应视作清末两江总督为表白自己对朝廷效忠而放低身段的一种政治态度。

长长的中轴线尽头耸立的"子超楼"是总统府内核心建筑之一。毫无疑问这是一座特别的楼，一是因为其地位显赫；二是在充斥着中国传统旧式样和西方古典风格的总统府建筑群中，"子超楼"设计得简洁素净，卓尔不群。这是原国民政府主席林森及幕僚们的办公楼，在当初建楼的图纸上被标为文书局办公楼。1936 年元月改称为主席办公楼。1943 年 8 月林森在重庆遇车祸逝世后，该楼便以林森的字命名，称作子超楼，以资纪念。1948 年 5 月改称总统办公楼，蒋介石、李宗仁皆曾在此办公。该楼由时任中央大学建筑工程系主任的虞炳烈建筑师设计，南京鲁创营造厂承建。1934 年开工兴建，至1935 年底完工，1936 年初正式启用，属典型的现代建筑。建筑两侧五层，中间六层，钢筋混凝土浇制，采用西式建筑平面组合与立体构图，利落的体块以竖向壁柱划分，平屋面。整幢建筑的外墙前后用材完全不同，入口南立面凸出部分以水泥粉刷基

总统府中路轴线尽端的子超楼

底，局部使用暗黄色耐火砖片贴面，窗下墙和壁柱等处则饰以简化的民族风格图案，而其他三面，用的全是水刷石粉面，低调、节俭。内部装修大气文雅，但并不豪华富丽。尽管整个建筑比较内敛，但色调和谐，庄重大方，也不失精致，与周围的中西建筑浑然一体，是相当优秀的作品。"子超楼"最为人称道的是独特的外形。从远处看，立面中间高两边低、左右对称，建筑体量由底层向上渐缩，呈完全对称，形状似一"森"字。而楼前林森手植的两棵印度进口珍贵雪松，恰恰又是一个"林"字。一幢楼，加上两棵树，就是"林森"的寓意吗？这是有意为之还是人为的附会？林森处事低调，不会刻意安排，但极有可能是建筑师根据场地条件精心设计的，这正是其高明之处。

在总统府严整有序的格局里，有一处精巧别致的江南古典园林——西花园，又称"煦园"，为肃穆的官署建筑群增添了几许灵动的气息。煦园与瞻园并称为金陵两大名园，位于总统府西侧，建于清道光年间（1821 ~ 1851 年），太平天国时期成为天王府的西花园。煦园以水景取胜，全园以太平湖为中心，占地 3.1 公顷，其中水面 0.21 公顷，南北走向，整个水池周长约 1800 多米，平面似一个长颈花瓶，全部用明代城砖砌驳岸，岸边南舫北阁遥相呼应，东阁西楼隔岸相望。主要景物有石舫（不系舟）、漪澜阁、忘飞阁、鸳鸯亭、花厅、桐音馆、

总统府西花园——煦园

夕佳楼、东水榭等，园内花木修竹参差，亭台楼榭林立，假山奇石散落，清水碧潭相映，景致自然和谐，是中国园林建筑的优秀之作。湖中石舫的基座据考为乾隆十一年（1746 年）遗物，乃总统府中年代最为久远的现存遗迹。洪秀全、孙中山以及国民政府的首脑曾在此择地办公或休憩，也令人对此园遐想万分。

　　南京总统府以其建筑遗迹的历久性、遗存的完整性、空间的复杂性、单体建筑的多样性成为南京近代建筑的代表案例之一，其所承担的历史价值则更为非凡。如今，总统府大门出现在众多影视作品里，出现在那些印刷精美的明信片上，出现在游人们的合影里，它见证历史，历经沧桑，显然，它已经成为南京的一个符号。

20 世纪扛鼎之建筑：中山陵

建筑师吕彦直

出南京中山门，扑面而来的是葱茏毓秀的茫茫林海，蜿蜒起伏的钟山铺陈出一片绿色世界，这世界的中心就是孙中山先生的陵墓。

1925 年 3 月 12 日，孙中山病逝北平。弥留之际，孙中山嘱咐说："吾死之后，可葬于南京紫金山麓，因南京为临时政府成立之地，所以不可忘辛亥革命也……"孙中山逝世后，灵枢暂厝于北平西郊的碧云寺。筹备处则做出向海内外征求陵园设计的决定，1925 年 5 月 13 日，孙中山先生葬事筹备委员会通过了《孙中山先生陵墓建筑悬奖征求图案条例》，并公开登报向海内外悬奖征求陵墓设计图案。《征求图案条例》中第二条明确要求："祭堂图案须采用中国古式而含有特殊与纪念之性质者。或根据中国建筑精神特创新格亦可。"除葬事筹备委员及孙中山的家属为当然评委外，还聘请了中国著名画家王一亭、德国建筑师朴士（Emil Bush）、南洋大学校长凌鸿勋和雕刻家李金发为评判顾问。这是中国历史上第一次规范化的建筑设计国际招标。1925 年 9 月，评审结果出台，第一名：吕彦直；第二名：范文照；第三名：杨锡宗。由于佳作极多，委员会又增加了名誉奖七名，其中仅赵深为华人，其余几人皆为外国建筑师。大多数评审认为吕彦直的中山陵方案最为符合各项要求，整体风格古朴浑厚，与地势较好地进行了结合，且完全根据中国古代建筑精神，遂决定采用此方案建造陵墓，同时聘请吕彦直为陵墓建筑师和督造者。

这的确是国人设计的一件佳作。陵园占地 8 万平方米，前临平川，后拥青障，吕彦直巧妙地利用紫金山南坡由低渐高的地形，在同一中轴线上安排陵前广场、博爱坊、登山墓道、碑亭、祭堂和墓室。从陵门到墓室逐步向上推进，有效地烘托出陵寝的宏伟气势。而层层叠叠的台阶、宝蓝色琉璃瓦顶的建筑物被郁郁葱葱的松柏掩映，在蓝天白云映衬下，

吕彦直的图纸

落成时的祭堂

呈现高度纯化的冷色基调，塑造出陵墓肃穆清明的意境。中山陵主体建筑的空间和形式在中国传统基调上加以创新，如祭堂平面结合了欧洲古典理性主义的平面构图以及中国传统建筑柱网布局，更加开敞。门洞及开窗增多，则克服了传统建筑闭塞、采光不佳的缺点，更具现代优势。外观亦非全盘照搬古代典例，而是采取中国古建筑的重檐歇山式，但四角筑以堡垒式方屋，形成中西结合的构图。建筑物体块简洁，雄浑大气，比例、坚固感、稳定感都好，可见吕彦直掌握的是中国传统建筑上比例和谐的美学形式，立意和手法更胜一筹。此外，中国古代陵墓墓室多在地下，而中山陵的墓室在祭堂之后，与祭堂相通，游人可由祭堂入墓室瞻仰。评委王一亭认为其"形势及气魄极似中山先生之气概及精神"。

最为世人所赞赏的是他的设计构思巧妙，别具匠心，富于寓意。警钟形的整体空间造型，暗含"木铎警世"的深刻含义，表达了中山先生"革命尚未成功，同志仍须努力"的警世遗训。融贯中西的建筑精神与中山先生的思想气度融为一体。对于中山陵，梁思成的评价是："中山陵虽西式成分较重，然实为近代国人设计以古代式样应用于新建筑之嚆矢，适足于象征我民族复兴之始也。"

1926年1月15日，中山陵工程开始炸山填土，正式动工。为加快工程进度，建筑师吕彦直不得不奔波于沪宁之间，风餐露宿于工地的吕彦直不到一个月就病倒了。在上海寓所休养期间，对技术工作仍须亲自裁决。每一项工程开始前，必须根据他的建筑详图制成模型，送往上海，由他

1929 年 6 月 1 日孙中山灵柩送入中山陵祭堂

亲自审查、修改。选用的建筑材料，除必须按他指定的商标、产地之外，还要选送样品，经南洋大学试验并超过美国标准，他才签字准用，否则定要返工。施工人员经他考核合格，才有资格接任工作。

从 1925 年赢得竞赛到 1929 年去世的短短 4 年中，吕彦直除承担中山陵工程的设计、施工，参与孙中山座像、卧像、棺椁底座和华表、牌坊的设计外，共 9 次出席了孙中山先生葬事筹备委员会会议，讨论议决工程项目、造价、招标、修改图样、施工进度等问题。他还接受国民政府聘请，担任总理陵园计划专门委员，参与陵园区规划及廖仲恺、范鸿仙墓的选址设计。遗憾的是，吕彦直没能看到这座自己呕心沥血设计的建筑最终落成，在中山陵主体工程即将完工时，他积劳成疾，患肠癌去世。而全部陵墓三期工程竣工已经是 1931 年底。1929 年 6 月，南京国民政府向全国发布第 472 号褒扬令，翌年，陵园管理委员会又为吕彦直立纪念碑，于右任书写碑文。

1927 年中山先生灵柩从北京碧云寺移来南京安葬，从下关中山码头到中山陵，开辟了一条长达 12 公里、宽达 40 米的穿城大道，即沿用至今的中山北路、中山路、中山东路。这条穿城大道构成了南京现代城市交通的基本骨架。1929 年 6 月 1 日国民政府举行了奉安大典,将孙中山的遗体正式迁葬于中山陵。

1927 ～ 1949 年间,中山陵周边陆续兴建了大批建筑,包括名人墓、纪念馆、体育场、文化演出场所、官邸和新村、办公楼和一系列纪念亭榭等设施,同时遍植树木,形成了城市重要的景区和游览地,其中国民革命军阵亡将士公墓、谭延闿墓、音乐台、光华亭、流徽榭、仰止亭、藏经楼、永丰社、永慕庐、中山书院等建筑众星捧月般环绕在陵墓周围,构成以中山陵体为主体的景区附属建筑群,它们多出自建筑名家之手,多采用中国古典建筑风格样式,与陵体色调和形态和谐统一,更突出了中山陵庄严的气氛和深刻的含意,有着极高的艺术价值。

如今,中山陵是南京最著名的风景区和重要的文化象征,每年几百万游客登临中山陵缅怀革命先行者的丰功伟业。2016 年中山陵入选"首批中国 20 世纪建筑遗产"名录,并被列在首位,可见其重大的历史和建筑艺术价值,而建筑师吕彦直也因为这个伟大的作品而永垂史册。

中国的"阿灵顿"：国民革命军阵亡将士公墓

20 世纪 30 年代的南京，既有中山陵作前锋，又有《首都计划》和国民政府的意识形态作后盾，遂产生了数量可观的中国古典复兴式建筑群，尤以中山陵园区域内最多，其中国民革命军阵亡将士公墓即是这样一组重要的建筑群。

阿灵顿国家公墓是美国最重要的国家纪念性墓地，而国民革命军阵亡将士公墓是民国时期最重要的国家纪念公墓，被称为"中国的阿灵顿"。1928 年，长达两年的北伐战争结束，数万将士血洒疆场。同年 11 月，国民党中央执行委员会决定为国民革命阵亡将士建造公墓，并成立了以蒋介石、何应钦、陈果夫、叶楚伧、刘纪文、黄为材、赵棣华、王柏龄、熊斌、傅焕光、夏光宇、刘梦锡 12 人组成的"阵亡将士公墓筹备委员会"。公墓的地址经多次研究并实地勘察后，决定选取原明初灵谷寺旧址。国民政府特聘善于将西洋建造技术与中国传统民族形式结合的美国建筑师亨利·茂飞负责规划设计一切事宜。筹委会先后开了 17 次会，1931 年 3 月才定下方案。3 月 15 日，蒋介石在灵谷寺听取了筹委会关于公墓方案的汇报，审阅了茂飞设计的公墓图样，并到实地察看，还提出了选址的调整意见。

茂飞设计的方案包括三处公墓群，第一公墓居中，第二、第三公墓分别位于第一公墓东、西两侧偏南的位置，三座墓群形成一个钝三角形布局。公墓区还包括正门、牌坊、祭

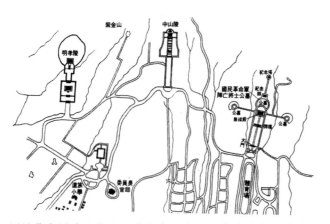

国民革命军阵亡将士公墓与中山陵、明孝陵的位置关系图

堂、纪念馆、纪念塔等建筑，规模十分宏大。其中将灵谷寺的金刚殿改建为公墓的正门，修葺并改建灵谷寺明代无梁殿作为祭堂，其余新建。公墓的布局基本上沿袭了明清时期灵谷寺原有的格局，其轴线以原金刚殿为起点，以新建纪念塔为端点，中间为牌坊、祭堂和纪念馆。公墓建筑群 1932 年 1 月动工，1935 年 11 月落成。在此项目中，曾在茂飞的纽约事务所实习过的中国年轻建筑师董大西担任了他的重要助手，并参与牌坊和纪念塔的设计。工程由上海陶馥记营造厂承建。

公墓大门为三拱式样，庑殿顶上铺绿色琉璃瓦，前有石狮一对。通过大门拾阶而上，则是六柱五间花岗石大牌坊，建于 42 层石阶之上，台基面宽 32.7 米，进深 16.6 米，牌坊高 10 米，钢筋水泥构筑，外镶花岗石，仿造传统木结构建筑形式，顶覆绿色琉璃瓦，饰有水泥脊兽，斗拱三级，四角起翘，十分壮观，形制与细节多处与清十三陵牌坊相似。牌坊正面题"大仁大义"，背面题"救国救民"，均由国民党元老张静江题写。门额上饰有瓷质中华民国国徽。第十七军赠送的汉白玉石刻貔貅一对立于牌坊前镇守陵墓，一方面象征北伐将士都是英勇善战的猛士，另一方面又为阵亡将士公墓增添了赫赫威严。

过了牌坊继续向前，就是由无梁殿改修的祭堂。砖券结构的无梁殿是明代遗物，构造相当特殊，茂飞将原来建筑保存利用的构思相当具有创见。此殿有五开间规模，宽近百米，整修后，室内中央三拱下供奉着阵亡将士的灵位，殿内四壁嵌有 110 块编号的太湖青石碑，上刻国民革命军阵亡将士名单，共 33224 人。祭堂之后为纪念馆，九开间重檐庑殿建筑，也铺绿色琉璃瓦，檐下有回廊，内部采用走马楼式，上下层之间

国民革命军阵亡将士公墓正门

国民革命军阵亡将士公墓入口牌坊

国民革命军阵亡将士纪念塔（灵谷塔）

留有挑空部分，以产生空间的流畅感，适应展现先烈遗物的功能。

轴线尽端矗立着八角形的阵亡将士纪念塔，现名灵谷塔，俗称九层塔，是阵亡将士公墓建筑群重要的组成部分和标志性建筑，仿照明代大报恩寺琉璃宝塔形制，由上海陶馥记营造厂承建。塔基为直径30.4米的大平台，平面为八角形，外侧围以雕花石栏杆。塔的正面石阶是一幅长5.8米、宽2.8米的白色花岗石雕"日照河山图"，由原中央大学建筑系教授刘福泰等设计。塔高66米，九层八面，底层直径14米，向上逐层收缩，顶层直径9米，用钢筋混凝土及苏州金山花岗石建造。塔内有螺旋式扶梯绕中心石柱而上，总计252级。每层均以绿色琉璃瓦披檐，塔外是一圈走廊，廊沿有石栏围护，供游人凭栏远眺。塔的外壁四周，是蒋介石题写的"精忠报国"四个大字。塔内第二层到第四层的墙壁上，嵌有12块石碑，上面刻于右任书写的孙中山《北上时告别词》。第五层到第八层的墙壁上，嵌16块石碑，上面刻吴稚晖书写的孙中山《黄埔军校开学词》。塔的第九层没有碑刻，供游人登临环顾钟山风光及绿浪涛涛的林海。建成之后的纪念塔造型优美，典雅庄重，具有鲜明的民族风格和特色，是南京地区现存最高最美的传统楼阁式塔。民众可沿中央旋梯而上，观林海，远眺紫金山全貌。最上冠以八角攒尖绿琉璃瓦顶，可装电灯，终夜长明，数公里之外即可看见。

分析这组以复古式手法建造的钢筋混凝土建筑群，我们可以发现建筑师是试图创造和近在咫尺的中山陵、明孝陵媲美的新时代建筑。事实上，其在中国近代史上的影响力的确很大，只要看看20世纪30年代后期出现在全国各地数量众多的仿古纪念公墓和忠烈祠便可明白。

自然与人工谱写的佳作：中山陵音乐台

中山陵山脚下，博爱广场东南侧，有一处僻静的绝妙佳地——音乐台。这里，自然地形与建筑空间有机地结合起来，半圆形的花架、回廊、花坛、坐凳，重点装饰的照壁，环抱着衬托的树丛，散发出浓厚的艺术魅力。青松环抱，芳草如茵，群鸽展飞，再加上与自然和谐共处的建筑空间，难怪音乐台被很多游客评为中山陵景区最美的景点。

音乐台是中山陵的配套工程，1932 年设计建造，为举行孙中山先生纪念仪式时的音乐表演和集会演讲之用，由旅居美国三藩市的华侨和国民党辽宁省党部合资捐建，设计者是中国近代杰出的建筑大师杨廷宝先生。建筑整个平面呈半圆形，占地约 4200 平方米，最多可容纳 3000 人。观众席部分借鉴西方露天剧场设计手法，利用天然坡地将观众席部分抬起形成半径约 57 米的扇形，放射状过道，不做台阶而运用大片草坪当坐席。正对着半圆形舞台前方的乐池部分被设计成了一汪月牙形莲花池，半径为 12.67 米，可汇集露天场地的天然积水，池水因而终年不涸，池内常植半池莲荷，旁有数级台阶上到半圆形舞台。舞台背景是一堵照壁，为音乐台的主体建筑，宽约 16.67 米，高约 11.33 米，呈弧形展开。照壁底部设计成须弥座，上部采用云纹图案，并装饰了龙头、灯槽等，古色古香，颇具中国韵味。观众席高处的外侧建有一条宽 6 米、长 150 米的钢筋混凝土花架游廊，呈半圆形展开，形成有节奏的韵律美。花架游廊

中山陵音乐台鸟瞰

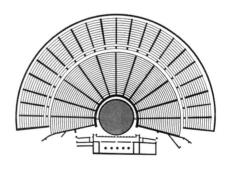

古希腊露天剧场的平面形制

有中国装饰特色的舞台背景

内配有水泥花台和坐凳，种植花草、紫藤，是游人休息纳凉的佳地。

杨廷宝先生设计的南京中山陵音乐台是中国近代模仿希腊露天剧场原型建设的标志性建筑案例。在公元前6世纪的时候，古希腊雅典人发明了露天剧场，这种建筑形制是我们现代所有观演类建筑，如音乐厅、影剧院、体育场馆等等的先驱。希腊露天剧场具有特定的形制：功能区被划分成观众席、乐池和舞台三部分。观众席选择自然坡地顺势而上，坐席均用石块砌成，贴上大理石，以扇形或半圆形拥抱乐池，与舞台隔开。露天剧场的通道被安排为放射状的纵过道布置为主，顺圆形的横过道为辅，以满足交通和视线的需要。乐池为圆形区域，作为伴奏区和舞蹈区。舞台做成升起的狭长平台，背景就是固定不变的建筑形象，里面设化妆室。古希腊露天剧场最显著的特点就是设计注重与自然环境相结合，不仅利用坡地，而且注重剧场与整个自然背景的关系，选址和环境的配置都经过精心的考量。观众在座位上不仅能够欣赏演出，还能体验感受周围自然环境的美，人与自然是一个联系紧密的整体。杨廷宝先生在设计音乐台时，既借鉴了西方经典历史原型的基本形制，又融入了一些中国元素：舞台上安放的混凝土照壁，仿中国传统家具——五山屏风样式，既是舞台背景又是声音反射板，巧妙地解决了声学问题。此外，舞台前方乐池改换为一泓碧水，与观众席分隔，又体现了杨先生不落俗套的构思，充满着中国人的情怀和意境。

整个音乐台简练、古朴、开阔、气派，堪称中西结合的杰作。在利用自然环境，以及平面布局和立面造型上，充分吸收古希腊建筑特点，而在照壁、乐池等部分的细节处理上，则采用中国古典建筑和空间的表现形式，使其设计既有开阔宏大的空间效果，又有精湛雕饰的艺术风范，达到了自然与建筑的完美和谐统一，在中山陵景区众多建筑物中脱颖而出，别具一格。

音乐台真乃中山陵景区的一方清净之地，历经 80 多年的风雨，虽略显沧桑，但仍像一颗闪烁的明珠，傲然镶嵌在中山陵东南之隅。每逢节假日，这里歌舞升平，白鸽展飞，幽雅的环境，宜人的景色，与近在咫尺的中山陵建筑群庄严的纪念性形成了强烈的反差，是市民和游人休闲的好地方。这种环境也恰是中山先生毕生所追求的目标吧。

最美官署：国民政府考试院

南京鸡笼山东麓、玄武湖南岸，有座坐北朝南的巨大院落，原门牌号码是考试院路 1 号，现门牌号码是北京东路 41—43 号。院落四季鸟语花香，一幢幢雕梁画栋、飞檐翘角的中国古典式建筑错落有致，排列有序，这里就是原国民政府考试院旧址，现为南京市人民政府所在地。

1929 年《首都计划》中对中央政治区里的政府五院选址即有统一规划：立法院、行政院、司法院、考试院、监察院选址应以中山北路—中山路为轴线汇集。这种汇集也造就了今天沿中山大道的民国官府特色。但事实上，五院之中唯有考试院被独自设置在鸡鸣寺东南侧。选择这个位置，和考试院作为国家最高人事机构的职责功能以及当时的特殊局势有很大关系。早在《首都计划》制定之前的 1928 年，第一任考试院院长戴季陶就决定于明代国子监和清代文庙旧址上兴建考试院，此想法大概和考试院脱胎于传统科举制度有关。院址勘测之后呈报行政院，但发现基地位置与中央政治区规划不符，因当时已将场地测绘、平整，如重新选址勘测将费时费工，又因当时缺乏考场，考试院每次都租借大学教室，

20 世纪 30 年代的国民政府考试院

国民政府定都南京之初正是用人之际，为迎接 1931 年第一届高等文官考试，时任首都建设委员会委员长的蒋介石亲自批复："反复考察动延时日，因考场专门为选拔人才之用，和其他政治机关有别，即使将来政治机关均集

中于政治区域，考场也无移设之必要，一经建筑亦未尝不可垂诸永久，基上理由建筑考场似仍以原勘地址为宜……与首都建设并无妨。"

考试院由当时担任南京特别市工务局技正科员和建筑课课长的建筑师卢毓骏主持规划和设计。项目占地面积 103589 平方米，1930 年开工，至 1949 年止，已建建筑面积达 8277 平方米。在卢毓骏精心计划下，这组规模庞大且充满民族特色的建筑群出现在明代国子监旧址处，迎合了国民政府定都南京后以传统形式展示正统和民族自豪感的意图。考试院建筑按东西两条平行的中轴线排列：东部分别为泮池、东大门、武庙大殿、宁远楼、华林馆、图书馆书库、宝章阁等；西部有西大门、孔子问礼图碑亭（已毁）、明志楼、衡鉴楼、公明堂等。目前尚有八幢大屋顶建筑保存。

东大门：钢筋混凝土仿木结构，作重檐庑殿顶宫门样式，绿色琉璃瓦顶，明黄墙面，上开三个拱券形门洞，大门下部仿须弥座，上部梁枋、斗拱、檐椽等均施以彩绘。国民政府时期，中门之上的两重檐之间挂有戴季陶书写的"考试院"金字直额。考试院长戴季陶是佛门弟子，因此让门口站岗的卫士不配枪，而身着古代服侍，腰佩宝剑。

武庙大殿：原址是明代国子监和孔庙所在地，清朝改建，立在高大的青石台基之上，重檐歇山顶，砖木结构，面阔七间 24 米，进深九檩 16 米。红门红柱红窗，屋顶覆盖绿色琉璃瓦。民国时期将其内部改建成两层，楼下作为考试院的大礼堂，楼上是考试院铨叙部的办公室。武庙大殿前后两侧，各建有一幢二层仿古庑殿式建筑，均为砖木结构，并采用木结构的小瓦外廊连接成南北两个四合院，是考试院秘书处、参事处和铨叙部所在地。

考试院东大门现状

国民政府考试院西大门 考试院西大门现状

西大门：原为三开间的钢筋混凝土牌坊门，中间高而阔，两边略为缩小，并降低高度。冲天柱砌出毗卢帽和云纹装饰，牌坊底部两层石鼓夹抱。整个牌坊造型庄重大方。20世纪50年代扩建为五开间。

明志楼：建于1933年，正对西大门，是考试院的主考场，也是考试院的中心建筑。仿明清宫殿式建筑，钢筋混凝土结构，单檐歇山顶，屋面覆盖绿色琉璃瓦，斗拱、檐椽、梁枋等均施以彩绘。八根红柱上承歇山顶抱厦，雕梁画栋，木格门扉。中部地上二层，地下一层，楼前平台，勾阑围护，踏道宽阔；东西两侧为地上一层半，地下半层。

宁远楼：建于1931年5月，同年底竣工。钢筋混凝土结构，楼高中间四层，重檐歇山顶，上覆小瓦；两翼三层，庑殿顶，平面呈"山"字形，入口抱厦宽大。考试院长戴季陶办公室"待贤馆"就设在其中。第一届高等文官考试录取的考生人数因为较少，戴季陶曾在待贤馆赐宴传见。后为汪精卫办公处。

宝章阁：建于1934年，是考试院的档案库，收藏有考生试卷、文官任免登记书等档案资料。高三层，钢筋混凝土结构，重檐歇山顶，屋顶正中建有攒尖塔楼。

抗战期间，考试院机构西迁，原址成为汪伪国民政府所在地。抗战胜利后，国民政府考试院迁回原址。

国民政府考试院建筑群规划整齐，建筑考究，新老建筑相互交融，建筑与庭院绿化相映成趣，整体格局和建筑风格都鲜明地体现出传统精

考试院主体建筑明志楼

神的内涵，是民国时期《首都计划》所倡导的官署建筑风格的示范作品，堪称近代中国传统复兴式建筑群的杰作，2001 年 7 月被列为全国重点文物保护单位。

"中国固有形式"之典范：国民政府铁道部

伴随着中华民国的成立，民族主义成为强大的思想潮流，并逐步演化成一种强烈的集体意识。在这种意识形态主导下，以"中华民族复兴"为表述符号的观念形态和技术话语正式而大量地出现。该观念对建筑领域的影响则表现在掀起对建筑民族复兴形式的探索，在首都的官署建筑中更被政府刻意引导为传统宫殿式样，名为"中国固有形式"。国民政府铁道部就是其中的典范作品。该建筑位于今南京中山北路254号，现为解放军南京政治学院校区。铁道部建成于1930年，是1929年《首都计划》制定后第一批迎合其中规定"总之国都建筑，其应采用中国款式，可无疑义"的"中国固有形式"建筑。当时刚刚建立政权的国民政府，需要借助首都建筑风格来塑造自己的合法性和蒋介石"训政"时期的威权。出于对建筑象征性的考虑，民族主义要求被体现在公共建筑上。该建筑

国民政府铁道部鸟瞰

由首任铁道部长孙科亲自督建，作为负责《首都计划》制定实施的最高行政长官，孙科的思路被深刻贯彻到了铁道部办公大楼所采用的中国传统宫殿形式上。

　　铁道部建筑方案由来自上海的两位民国时期一流的建筑师范文照和赵深合作设计。1929 年，方案的模型被公开发表在报纸上，作为新首都建设的样板而得到广泛关注。建筑物在同年 9 月 10 日奠基，1930 年 5 月竣工。占地面积约 7 万平方米，总建筑面积 2.25 万平方米，建造费用 96.938 万元。整个建筑群由办公大楼、部长官邸和职员住宅三部分组成。办公大楼采用中国传统大屋顶的宫殿式样，钢筋混凝土结构，面朝西北，平面呈长条形，建筑面积 3604 平方米。中央高三层，两侧附楼高两层，另有一层地下室。屋顶为重檐庑殿顶，琉璃瓦屋面，正脊兽吻俱全。斗栱、梁枋、门楣等处均施以彩绘。建成后，上海《申报》称其"美轮美奂，魁峨奇巍……南京公署建设之壮丽，当推铁道部之新屋"。

　　办公大楼后面，有数幢二层砖混结构楼房，均为高级职员宿舍，中西合璧建筑风格，单檐卷棚悬山式屋顶，线条柔顺，造型优美。另有面

20 世纪 30 年代恢宏的铁道部大楼

积529平方米、红砖砌筑的花园式别墅一幢,系孙科担任铁道部长期间的官邸。

1938年1月,国民政府公布《调整中央行政机构令》,将铁道部、全国经济委员会管辖之公路处、军委会所辖之水陆运输联合办事处统一归并于交通部,铁道部长张嘉璈担任交通部长。此后,民国时期没有再单独设立过铁道部。抗战胜利后还都南京,国民政府行政院迁至原铁道部大楼办公。2001年,铁道部大楼被国务院列为全国重点文物保护单位,2016年也入选了"首批中国20世纪建筑遗产"名录。

以铁道部大楼等为代表的这种规模宏大,用中国传统式样包裹现代功能的创作,既显示出设计者娴熟的职业技能,另一方面也真实地投射出当时社会复归中华文化、树立民族信心的思潮。尽管这种形式因造价太高而后被其他建筑方法取代,设计师范文照本人后来也对这种形式与内容充满着矛盾的创作思路有所反思,并走上了现代主义道路,但作为留下众多优秀作品的建筑思潮、一种从传统营造向现代内容过渡的阶段、一个时代的印记,"中国固有形式"的创作方法注定会在历史中找到它的价值所在。

热闹的新生活：励志社

现在的南京中山东路307号钟山宾馆院落里，有三幢大屋顶清代宫殿式建筑。它们呈"品"字形分布，均坐北朝南，古朴崇宏。院内高大的雪松拔地而起，苍翠欲滴，这里曾经是国民党励志社所在地。一般人初听"励志社"之名往往不明就里，其实这是一个民国时期具有联勤和军官俱乐部性质的服务机构。励志社正式创立于1929年初，前身是黄埔同学会励志社，为蒋介石模仿日本军队里的"偕行社"而创办，并由他亲任社长，起初社员以军校生为主。励志社一度在当时社会上被戏称为"一个尖、卡、斌机构"。尖者，不大不小；卡者，不上不下；斌者，不文不武。说它不大，它比不上国民党其他党政机关；说它不小，它在全国都有分支机构；说它不上，它仅仅是一个服务机构；说它不下，因为社长是蒋介石；说它不文，其工作人员都穿军装，但主管文官升降的考试院铨叙

20世纪30年代的励志社一号楼

部又不认账；说它不武，专司武官人事的国防部第一厅根本不把其工作人员视作武官。然而，这种"四不像"组织，却为蒋介石、宋美龄所倚重，无非因其主要任务是为蒋提供各种特勤服务，还担负着外国来华军政人员，特别是美军顾问团的接待工作，被称作老蒋的内廷供奉机构，因而蒙上一层神秘色彩。

励志社所在地当年可是民国首都难得一见的可举办大型公共性质体育、文化表演等活动的场所，建筑群功能设施十分齐全，既有多功能礼堂、剧院、办公室、餐厅、浴室、宾馆式客房和理发室等，还有网球场、手球场、排球场、田径运动场、跑马场等，较之今天的占地规模大得多。但目前仅存的三幢建筑建于1929至1931年间，由西向东分别是大礼堂、一号楼和三号楼，后两幢都是接待贵宾住宿的场所。大礼堂主体为钢筋混凝土结构，但梁、椽、挑檐则是木结构。高三层，重檐攒尖顶，平面为方形，建筑面积1360平方米，可容500人就座。内部按照现代剧院模式布置，设门厅、休息室、观众厅及其他服务设施，其四周还建有附属用房。一号楼建筑面积2050平方米，砖木结构，中间高三层，庑殿顶；两翼高二层，歇山顶，东西对称，烟色筒瓦屋面，绿色屋脊。大楼入口处建有门廊，红漆廊柱。大楼底层墙面为水泥假石粉刷，第二层以上为

如今的励志社大礼堂

清水红砖勾缝。大楼东南墙角镶嵌有一块正方形石碑，上刻有蒋介石题词"立人立己革命革心"等字样，蒋介石的办公室就设在一号楼二层东端，经常接待那些不属于公务交往的来宾和少数高级官员。三号楼的屋顶形式与一号楼相反，中间歇山顶，两翼庑殿顶，高三层，东西对称。烟色筒瓦屋面，脊檐饰有瑞兽，檐口梁枋施以彩绘。屋顶建有壁炉烟囱，上部亦做成宫殿式小顶。一号楼和三号楼内部均呈中廊式布局，两边为带有独立卫生间的客房。这是民国时期著名建筑师范文照和赵深继铁道部大楼后在南京设计完成的中国传统宫殿形式的又一大型公共建筑，规模更大，功能更为复杂，设计技巧也更显娴熟。少帅张学良几次来南京，都是下榻在励志社的特别客房内。1947 年蒋经国从苏联归国后曾居住在一号楼 301 房间达一年之久。

作为民国时期重要的公共建筑，励志社曾经风云际会：蒋介石会见美国太平洋舰队总司令，1946 年国防部审判日本战犯，梅兰芳等艺术大师的演出等都曾在这里举行。这里也见证了蒋介石 1934 年起发起的轰轰烈烈的国民教育运动——"新生活运动"。为使国民道德、国民知识与民族复兴之间联系起来，蒋介石提出从衣食住行入手，在生活细节的方方面面培养礼义廉耻、艰苦忍耐的精神和树立纪律、整齐秩序的习惯，为从根本上革除陋习，还开展了如守时运动、节约运动、各类卫生运动等；亦有识字运动、禁烟禁毒运动。其中有些新习俗乃舶来品，那些时髦而又引领风气之先的西式形制往往率先在励志社上演。例如 1935 年 10 月 10 日"第一届新生活集团结婚"即南京历史上第一次集体婚礼就选在励志社礼堂举办。这是继当年 4 月上海市政府大厦举办的中国首届集体结婚之后的又一次新式婚典。由于是在首

20 世纪 30 年代励志社操场上中小学生的运动会表演

1935 年南京历史上第一次集体婚礼在励志社大礼堂举办

都，也就产生了更广泛的影响。此后，集体婚礼在全国进一步推广开来。多类型和阔大的室外场地也为新生活运动所提倡的国民体育锻炼提供方便，本地中小学的广播操、运动会等常借此地召开。1932 年8 月第一次全国体育会议的举办地就在励志社礼堂。会议期间，美国海军官兵曾受邀进行拳击表演赛，这也是南京最早的拳击赛。第一位参加奥运会的中国人刘长春，1932 年去洛杉矶参赛前也曾在此住宿和训练。

作为民国时期南京诸多重大活动和历史事件的发生地，励志社往日的喧嚣和荣光早已消逝，连旧名也让今人有些摸不着头脑，唯有恢宏的建筑静留原地守候着历史，守候着这个城市一份宝贵的记忆。2013 年励志社旧址被国务院列为全国重点文物保护单位。

现代建筑+中国元素：国民政府外交部

20世纪30年代初期，中国近代建筑业发展到一个蓬勃而又面临突破的阶段。一方面，现代功能、现代技术广泛介入建造活动，推动建筑在物质层面上革新；另一方面，受民族复兴思潮影响，建筑艺术的探讨正面临着以何种恰当的方式来传达中华传统精神的问题。事实上，建筑师简单套用古代宫殿形式在功能、技术和经济上都遇到了极大困扰。于是，一部分中国近代建筑师开始探讨能够将民族复兴和现代性表达结合起来的新途径，大胆发展出另一种中西合璧的方式，一种"简朴实用式略带中国色彩"的方式，后来也被称作"新民族形式"。南京当时对新民族形式建筑的探索在全国居于领先地位，它已突破了对传统形式的单纯模仿而进入创造领域，其中不少至今仍不失为建筑史上的优秀范例，原国民政府外交部办公大楼即为代表作品。

国民政府外交部成立于1927年5月。1928年10月，国民政府实行

20世纪30年代后期的国民政府外交部大楼

五院制，外交部隶属于行政院。其主要职能是办理国际交涉、管理国外华侨及居留在中国外侨的一切事务，同时还管理驻外使领馆。

原国民政府外交部大楼位于今南京市中山北路 32 号，现为江苏省人大常委会所在地。国民政府外交部建筑筹建于 1931 年 3 月，包括办公楼和外交宾馆两部分，其筹建过程颇费周折。最初工程交由天津基泰工程司建筑师杨廷宝设计，建筑物平面呈"工"字形，建筑面积 4000 平方米。建筑物的前后两部分以大楼梯相连接，空间富于变化。建筑采用传统的中国古典建筑形式，重檐歇山顶，琉璃瓦屋面，地上二层，半地下室一层。前有站台踏步，墙身柱间辟有大玻璃窗。细部采用清式斗拱彩画，天花藻井。后因国民政府紧缩经费，这一复古式办公楼方案遂被弃用。而外交宾馆则仍然由杨廷宝设计，但最终亦未建成。

1932～1933 年上海华盖建筑师事务所接手了办公楼的设计，江裕记营造厂承建，1934 年 3 月开工，次年 6 月竣工，总耗费 30 余万元。建筑师赵深、童寯和陈植考虑到宫殿式建筑造价过高，于是既不抄袭西方建筑样式，也不照搬中国宫殿式建筑的做法，而是根据现代技术和功能的需要安排平面布局与造型，采用了"经济、实用又具有中国元素"的风格，以达到"新民族形式"的效果并反映建筑的时代性，结果这一方案得到官方认可。

新建的外交部大楼总占地面积 45 余亩，平面呈"T"字形，入口有个突出的门廊，建筑地下一层，地上中部四层，两端三层。整个建筑的平面设计采用西方古典建筑处理手法，对称布局，中部大楼梯作为竖向交通主体，并连接前后两部分。建筑面阔 51 米，进深 55 米，总面积 5000 余平方米。

外交部大楼摒弃了传统中国建筑外观造型上显著的大屋顶方式，

大楼檐口仿斗栱作法

而采用西式平顶，从而更好地展现出几何体量组合的简洁性和现代性。立面采用西方古典建筑三段式构图，分基座、墙身和檐部三部分。基座勒脚用仿石的水泥砂浆粉刷，以示坚实；墙身用深褐色泰山面砖饰面，严丝合缝，沉稳庄重；檐口下则以褐色琉璃砖砌出浮雕及简化斗拱装饰，以呈现民族式样，是一种极为洗练的仿古设计手法。建筑入口处门廊内柱梁交接简洁，且在梁出头处做出传统的卷云装饰。为适应业主要求室内做了大红柱子，柱、梁、枋、天花及藻井等均上施油漆或清式彩画，室内墙面亦做有传统墙板细部，楼梯扶手、栏板、门窗等装饰中国传统纹样，与整体仿古模式的室内设计无异，未能和简约仿古的外观形成呼应，究其原因，可能还是社会和业主对建筑师的要求和限制。建筑师是为社会服务，他们不可能躲进建筑艺术的象牙塔里孤芳自赏。后来人必须要将旧日的建筑活动置于社会发展的背景下，才能正确理解、评价历史上的建筑师及其作品。

这个项目严格意义上应是华盖建筑师事务所三位合伙人集体创作的结晶，先由赵深排出平面，童寯与陈植参与讨论外形处理，决定根据功能需要安排总体，同时檐口简化斗拱来体现民族风格，建筑立面渲染图由童寯即兴完成。全新的设计理念和手法赢得广泛赞誉，1933年上海《申报》刊载"南京外交部新屋概况"一文："……外交部新屋当为官式建筑之最新式者，既具有中国建筑之特长，且特切于实用。并确能适应现代功能之需要。"1934年的《申报》继续评价道："……外表及全部主干建筑物均采西方式样，至于内部一切统用北平故宫典型，集中西建筑精华，熔成一炉，其结构之佳妙，仪表之堂皇，自不待言。"《中国建筑》

国民政府外交部大楼门厅

国民政府外交部大楼内部长办公室

杂志评价外交部大楼"为首都之最合现代化建筑物之一；将吾国固有之建筑美术发挥无遗，且能使其切于实际，而于时代所要各点，无不处处具备，毫无各种不必需要之文饰等，致逊该大楼特具之简洁庄严"。

国民政府外交部大楼是近代中国建筑师探求新建筑发展方向的可贵尝试，作为新民族形式的典型作品之一，开创了一种形体简洁、功能现代，以抽象纹饰传达民族风味的新途径，具有鲜明的时代特色，充分反映出建筑师们既讲"民族性"又追求"科学性"，既照顾到业主意图又要实践自己价值取向的建筑策略，在当时具有重要的进步意义和社会价值，是那个时代官署建筑的最新典范，同时对近代建筑师探求具有民族特色的中国建筑的发展方向也产生了重要影响。

中山陵"项链"上的宝石：国民政府主席官邸

2015 年秋，几张南京东郊美龄宫上空的航拍图成为国内媒体焦点，在"上帝视角"下，美龄宫就像一颗晶莹剔透的蓝宝石项坠，而层层叠叠的法桐则构成了巨大的金色项圈。

在堪称"民国建筑博物馆"的南京，美龄宫规模不算最大，设施也非最豪华，但却是极为精致而富于传奇性的一座。

1929 年 6 月，宋美龄随蒋介石参加孙中山的奉安大典，见明孝陵四方城东小红山一带环境清幽，附近又有她所创办的遗族学校，遂提出在此建造别墅，供谒陵途中休息。1930 年，时任国民政府主席的蒋介石向总理陵园管理委员会提出"拟借陵园小红山建筑别墅"，陵园管理委员会由孙科主持召开第 24 次会议，议决"照准"。南京市政府高度重视这道"圣旨"，从 1931 年春开始，南京市政府工务局局长赵志游亲自操刀

美龄宫外观

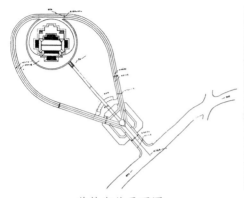

美龄宫总平面图　　　　　　　　　　美龄宫当年的设计模型

设计，技正（民国时期一种技术职称）陈品善负责主办，所有工程计划、预算及招标订约等事，均由陈品善会商赵志游后办理。新金记康号营造厂承造，预算造价26余万银元。整座建筑，因过于富丽堂皇，建造过程中经费大大超支，受到舆论非议，以致一度停建，直至1934年才告竣工。最早的名称是"蒋主席小红山别墅"，1934年建成时正式命名为"国民政府主席官邸"，却因蒋介石已辞去主席一职而空置，"主席官邸"也改称"小红山官邸"，供政府高级官员谒陵时休息用，与蒋介石无关。抗战胜利后，国民政府将其翻修，蒋介石、宋美龄常来此小住，做礼拜和接待外宾，民间也开始习称"美龄宫"，倒也简洁上口。"文革"期间，"美龄宫"也成了名讳，改成"梅龄宫"，直到20世纪80年代初期才又恢复。

　　美龄宫整体占地120亩，汽车绕过门房沿橄榄形环山道直抵主宫入口，四周树木葱茏，鸟语花香。主体建筑面积2800多平方米，耸立在小红山顶，近似"凸"字形，地下一层，地上三层。作为私人别墅而言，美龄宫可谓气势不凡，因其外观仿清式大屋顶宫殿做法，这在当时是蒋介石欣赏并力主的中国传统复兴式样，1929年《首都计划》中称之为"中国固有形式"，以彰显民族自信。上覆蓝绿色琉璃瓦，前后门廊与腰檐亦用琉璃瓦盝顶相配合，流光溢彩，耀人眼目。除却醒目的"大帽子"传统元素，美龄宫的主体结构和设备却十分西化——钢筋混凝土结构，西式比例，黄色耐火砖外墙，大面积落地钢窗，采光充足，卫浴供暖等一应俱全，低调奢华。室内外装饰有中国传统的旋子彩绘，特别是南楼群檐天花下的蓝底云雀琼花图案，出自当时著名工笔画家陈之佛之手，精美典雅，

美龄宫室内场景

独一无二。而二层西侧设计一中式雕花月亮门，却配上大玻璃做隔断，诸多细节无不体现中西合璧的设计理念。

美龄宫常被视作女性化十足的建筑，有说环绕基座平台的 34 座汉白玉栏杆石柱寓意宋美龄的 34 岁生日，而屋檐勾头滴水上的凤凰雕刻，以其明艳的色彩、富丽的造型，处处唤起人们的回忆，这种特质也使得美龄宫从南京众多官邸建筑中脱颖而出。2001 年 7 月美龄宫被列入国家重点文物保护单位——在南京，官邸被列为国保单位的仅此一座。

民国时期两大主要建筑杂志《中国建筑》和《建筑月刊》都曾刊登过该建筑的图纸、照片和模型，可见其重要性和受关注程度，只不过建筑师一说为赵志游，一说为陈品善，但可以肯定，赵志游起着关键性作用。他早年加入同盟会，曾留学法国，学习市政与土木工程，时任南京市工务局局长，除了设计美龄宫外，在宁期间还曾主持过中央医院和挹江门的修造。1931 年后又先后任杭州市长、上海法租界华董，与蒋介石私交甚笃，这可能也是美龄宫交由他主持设计督造的原因。而赵志游设计美龄宫时，考虑蒋宋的喜好，在造型上的确花了不少心思。

回到那幅轰动的"项链"鸟瞰图，是周围茂盛的树木环绕美龄宫才形成了"项链"的图案。从现存图纸来看，这其实是结合地形条件，由两侧盘山车道和陵园大道上种植的梧桐树共同打造出的图形，有一定偶然性。而早在 1925 年开建中山陵时便已经种下这些梧桐树，美龄宫较之晚了 5 年。也就是说，"项链"并非个人的创意。

说到这圈"法桐项链"，其实最应感谢的是另一位对民国南京城市建设做出巨大贡献的人物——1927 ～ 1929 年间的南京市长刘纪文。他在任期间，推动了中山大道的修建，引进法国梧桐种植于城市主干道和中山陵地区，某种程度上，美丽"项链"的打造有他一份功劳。

由此可见，美龄宫"项链"只是一个"美丽的谬误"，虽然历史不是任人打扮的小姑娘，但历史总需要点浪漫来点缀，人们也乐于享受这些想象所带来的美好情感。

美龄宫在 20 世纪 50 年代曾由时任南京工学院建筑系主任的杨廷宝先生主持维修过。2012 年东南大学建筑设计研究院在此制定了修缮方案，最大化保留了历史信息，次年 9 月底维修竣工，对外开放。2015 年 11 月入选"全国十佳文物保护工程"，这也是中国文物保护与修缮项目的最高荣誉。

民国第一会场：国民大会堂

　　早在 1924 年，孙中山在其《建国大纲》中提出了设立国民大会来改造代议制的政治架构，并且设计了军政、训政、宪政三个步骤来完成自己的构想。但宪政长期未得实现，国民党内外"结束训政，实行宪政"和及早召开国民大会的呼声日高。尤其是孙中山之子孙科就任国民党政府立法院院长之职后，更是极力推动制宪，倡议召开国民大会。于是，在南京修建一座国民大会堂，以备国民大会之需被提上议事日程。

　　1935 年 9 月，国民党要员孔祥熙等 5 人提议：可以建造国立戏剧音乐院和美术陈列馆来充用，这样既可作剧场，又可作会场，诚为一举两得。他们的提案获得了国民政府的批准。同年，国立戏剧音乐院和美术陈列馆筹委会公开招标，征集院馆工程的设计方案和营造商。建筑设计的公开招标收到了 14 份应征方案。经筹委会评定，以上海公利工程司奚福泉建筑师的设计方案为首奖，关颂声、赵深的设计方案分列二、三名，最后的修改方案综合了一、二、三等奖的优点。业主方还聘请著名建筑师李宗侃负责督造工程。1935 年 11 月 23 日，筹委会常务主任褚民谊与

原国民大会堂鸟瞰

承建商陆根记营造厂签订合同，限期 10 个月完工。同年 11 月 29 日，举行奠基典礼，居正、吴稚晖、褚民谊等数百人出席。1936 年 5 月 5 日，一再难产的《宪法草案》终于正式对外公布。也就在同一天，国民大会堂举行正式竣工典礼。这座会堂从开建到完工，仅用时 6 个月，自此它取代之前经常借用的中央大学礼堂成为民国时期规模最大、设施最先进的会议场所。

原国民大会堂坐落于今南京市长江路 264 号，基本格局为现代剧场形式，坐北朝南，左右对称，主体建筑地上四层，地下一层。分前厅、剧场、表演台三部分，建筑面积 5100 平方米，迎街为办公室，两旁为两层的休息室，内部结构合理，音响效果甚佳。主立面采用了西方古典构图中的基座、墙身、檐部三段划分方法，横向也处理为三部分，中段高耸，两侧呈直线展开作对称造型，体块简洁，一排排玻璃窗直贯上下两层，虚实对比生出韵律感。建筑师采纳了西方剧院的整体造型和简洁明快的现代建筑风格，而檐口则按中国传统建筑彩画的样式，堆砌箍头、枋心纹样。雨棚前伸，遮护踏道，仅以一圈莲瓣纹、方回纹装饰。这使得大会堂既不同于传统国都建筑的宏大铺排，又不同于近代早期的简单模仿洋式风格，突显"中国式的现代建筑"意蕴。国民大会堂不仅继承了中国传统官式建筑的宏伟气势，且细部处理也典雅不俗，尤其是庄重简洁的窗棂

20 世纪 40 年代的国民大会堂入口

式弹簧门，使视线无遮挡设计的斜坡地面，舒适合体的座位，以及良好的厅堂声学效果等。此外，大会堂内制冷、供暖、通风、消防、盥洗、卫生等设施齐全。堪称南京民国建筑中的佼佼者、近代新民族形式创作的成功范例。

与其建筑风格相同，这栋建筑修建的目的同样是想融合中西——将西方的议会政治改造为中国特色的国民大会，但显然，这个目的不但没有达到，反而成为消散在历史时空中的烟尘往事。国民大会堂建成后不久，却逢中日开战，直到抗战胜利后的 1946 年 11 月 15 日，国民大会堂才真正召开它的第一次会议，此时距离大会堂完工已经过去了整整十年。但这次会议因国共内战全面爆发，共产党和民盟的代表都拒绝参加，也就没有充分的代表性。第二次会议则近乎一场闹剧，1948 年 3 月 29 日，国民党"行宪国大"在此召开，按照《中华民国宪法》选举总统，实行总统制。这次国民大会是在国民党遭遇严重危机的形势下召开的。国民党内部矛盾重重，各派系展开了激烈的明争暗斗。4 月 19 日，蒋介石当选为中华民国总统，李宗仁险胜孙科，当选为副总统。在总统和副总统就职仪式上，蒋介石要了一个心眼，他要李宗仁穿上军服，还说自己也穿军服，一起去参加这个就职仪式。但是李宗仁去的时候发现，蒋介石穿长袍马褂，而他身着军服。所以在回忆录里，李宗仁说自己觉得像警卫一样站在老蒋的旁边，非常不舒服。

1949 年 5 月 1 日，国民大会堂里又一次召开会议。但这次会议的主角却发生了翻天覆地的变化，中国人民解放军在此举行会师大典。就在这次会议之前，大会堂门口上方原国民政府主席林森手书的"国民大会堂"几个字，被改为"人民大会堂"。简单的一字之变，却代表着时代的更迭和本质的差别。

优雅的 Art-Deco 之作：民国最高法院

在中国法治近代化的历程中，最高法院这一机构设置，无疑是一个新生事物，尽管审判职能以及专司审判的司法机关在中国历史上早就存在。1906 年，晚清政府实行官制改革，将传统的慎刑机关大理寺更名为大理院，专司审判，此为近代最高法院之滥觞，但属于"有名无实"。1927 年 3 月，伴随北伐军攻克武昌城，以及国民政府从广州迁往武汉，最高法院在武汉宣告成立。这是近代以来，最高法院第一次取代大理院，作为最高审判机关出现在政府机构序列中。自此，中国司法体制，特别是以法院作为唯一审判机关的司法模式，经二十余年的移植、消化和摸索，终于完成了中国化和近代化的转型，进而与世界司法制度接轨。

最高法院后迁往南京。作为国民政府的最高审判机关，其行政关系隶属于国民政府司法院，最初在汉中路附近一所教会学校旧址办公。1932 年，

原最高法院现状

最高法院以房屋陈旧、工作不便为由，向司法院呈请择地兴建办公大楼，于是在中山北路西侧购地28亩。同年，最高法院办公大楼交由上海东南建筑公司的过养默建筑师设计，黄秀记营造厂施工，1933年5月落成，位于中山北路251号（今101号）。设计师采用了一种更为现代的创作语言。20世纪30年代是中国建筑创作思想中现代理念初步战胜折中主义的时期，开始追求造型简洁新颖，造价经济实惠，讲求形式与功能结合，运用新材料新结构等现代建筑特性，这种设计倾向在商业与公共建筑中很快得到发展，并逐步形成一种潮流。此时，欧美风靡一时的"装饰艺术风格"（Art-Deco）传入中国，它介于西方新古典主义和现代主义之间，既摩登优雅又不至于太过激进，是古典对称和现代简约的完美结合。该风格趋于使用几何的挺拔竖向线条，强调对称，给人以干净利落、大块渐成的感受。总体而言，丰富的线条装饰与逐层退缩结构的轮廓是其外观主要特色。南京的国民政府高等法院就是这种创作手法的典型案例之一。

最高法院面朝中山北路，门楼高大，中开一拱形门洞。主楼为三层钢筋混凝土结构，建筑体量庞大，总建筑面积达8300多平方米，平面呈横向"工"字形格局，共有276间办公用房。左右侧各有一部楼梯，平面中心设有一挑空天井，4层的回廊环绕周边，天井上空为一方玻璃天窗，光线直泻如瀑，有"明镜高悬"的含义。主立面中部设有高起的塔状入口，并以利落的竖线条装饰，明黄色粉刷基调，采用"装饰艺术风格"的竖向处理积聚成形体，趋少的装饰性语汇，突出实用、美观的特点，表现出向纯净的现代建筑过渡的设计特征。主楼无论正看还是俯视均呈"山"字形状，寓意执法如山。

沿大门两侧原各有一道"山"字墙，与主楼相呼应，可惜在20世纪90

原最高法院室内中庭采光塔

民国时期最高法院入口及水池

年代初被拆除。在大门与主楼之间，有一座平面呈圆形的巨型喷水池，水池中央的立柱高擎一莲花大碗，寓意司法的两大价值：公正（"碗"，象征一碗水要端平）和清廉（"莲花"，象征清正廉洁）。据称从四周射出的喷泉可准确无误地落入碗内，规模和形制皆为当时少见。整体而言，最高法院外观和陈设并不豪华，却别具一格，建筑师以简化的过渡方式摸索出一条新建筑的道路，在当时的中国建筑界可谓独树一帜。

国民政府最高法院不仅是近代建筑史上的杰作，也是中国近代历史风云的重要见证物。1946年夏，最高法院与司法院一道从重庆迁回南京，在这栋大楼里，汪伪政权高官陈公博、梁鸿志、褚民谊、王揖唐等人得到了审判。

2001年7月，该建筑被列为全国重点文物保护单位。

远东最美丽的校园：金陵女子大学

在南京，曾有一所大学的校园建筑和环境广受赞誉，号称"远东最美丽的校园"，那就是——金陵女子大学（现为南京师范大学随园校区）。在中国近代建筑史上，金陵女子大学校园也具有举足轻重的地位，它成熟的设计手法，以及对中国古典建筑独到的理解，把中国近代传统复兴式建筑推进到"宫殿式"处理的成熟水平，并对南京民国建筑的发展产生了深远影响。

1915 年美国教会在南京兴办金陵女子大学，租南京绣花巷李鸿章花园旧址开学。1921 年，校方在宁海路南购地 160 亩建设新校区，筹建过程中适逢西方基督教会在推进"中国化"和"本色运动"，于是擅长应用中国古典建筑元素和特征的美国建筑师亨利·茂飞被校方委任，为校园进行规划和建筑设计，南京本地的陈明记营造厂负责承建。校园 1922 年开工建设，1923 年校舍落成，金陵女子大学迁入，此时完成了 6 幢宫殿式建筑：会议楼（100 号楼）、科学馆（200 号楼）、文学馆（300 号楼）及 3 幢学生宿舍（400 号、500 号、600 号楼）。1924 年，又建成了一幢学生宿舍（700 号楼）。1934 年，又建造了图书馆和大礼堂。

建筑师亨利·茂飞对中国历史上的宫殿建筑十分钟爱和崇拜，因此他在校园规划设计中刻意模仿其空间布局和造型。整个校园以西部丘陵

美国建筑师茂飞与其设计的金陵女子大学手绘鸟瞰图

为对景，充分利用自然地形，布局工整，主体建筑物均沿一条贯穿全校的东西向轴线对称布置，主轴线上很好地运用"起、承、转、合"，在不长的轴线上使空间序列有序曲、铺垫、高潮、尾声，达到一种理想的艺术效果。入口部分采用长长的林荫道加强空间纵深感，随后展开一个宽阔的空间——大草坪，与长通道形成纵横对比，两侧共十三栋建筑形成了三个大小不同的院落空间，围绕中心大草坪；经过主体建筑群后，就是以人工湖为中心的花园。中轴线西端结束于丘陵制高点上的中式楼阁。纵横交错的空间对比，闲逸的人工自然与严谨的方院空间秩序的对比，可以看出茂飞对紫禁城的感悟和借鉴。

草坪周边7幢主体建筑造型均采用中国古典宫殿式风格：作为轴线对景的100号楼（会议楼），是由两个半截歇山顶建筑簇拥着中央较高的歇山顶主体建筑，控制了空间构图。其他如科学馆、文学馆和4幢学生宿舍均为钢筋混凝土结构，歇山顶。在单体设计中，茂飞发展了以新结构新材料来复兴中国古建筑体系的一套成熟的处理模式，如钢筋混凝土制作斗拱，大红柱作为立面主要构图元素，而鸱吻、雀替、悬鱼、栏杆、抱鼓石等中国古建筑细部一应俱全，加上华丽的色彩搭配，茂飞细腻精微地再现了中国古建筑的形式特征。立面采用三段式构图，并且茂飞已经开始注意把握屋顶在整体竖向构图中的比例，青瓦大屋顶是木结构的，钢条联结加固，飞檐也是木料托起的，朱红色廊柱、黄墙，整体

金陵女子大学100号楼现状

统一但略显单调。当然，基于西方人的意识，茂飞还是进行了一些调适：例如中国的官式建筑是建在台基上的，但金陵女子大学和燕京大学的建筑一样，都平铺于地面没有设台基，雄伟程度稍逊，难怪民国大儒钱穆引用友人之语评价道："如人峨冠高冕（指大屋顶），而两足只穿薄底鞋，不穿厚底靴，望之有失体统。"同时阔大的草坪没有点缀性景观，也略显空旷。

金陵女子大学的楼与楼之间以长廊相连，既有中国式古建筑的美，又便于师生来往于各楼之间。隔而不断，更显含蓄、深远，这是中国造园手法"隔景"之"虚隔"的应用。校园没有太多水面，仅楼群后设以人工湖为中心的花园，配以艳花垂柳、假山亭榭，别有洞天。中西合璧的建筑群和校内绿树成林的山丘和谐融合，四季常青、鸟语花香、生机盎然。

1923 年 10 月金陵女子大学落成开幕，校方十分满意，美国教会代表劳拉·维尔德（Lara Wilde）称赞茂飞的设计"既满足现代实验所需，又非常方便生活，而且它们的屋顶和装饰都具有中国特色的魅力"。

完成金陵女子大学的校园设计工作之后，茂飞建筑师又规划设计了北平的燕京大学（今北京大学校址），他将金女大校园的方院、轴线、对环境的种种处理、建筑形制等手法都带入燕大校园。金陵女子大学的设计被认为是茂飞"适应性风格"成型的转折点、宫殿式建筑的定型之作，

金陵女子大学里的回廊

20世纪20年代建成后的金陵女子大学建筑

而燕京大学则是这一风格设计的顶峰。虽然茂飞是美国人,但他一生热爱中国和中国传统文化,热爱中国古典建筑,是中国建筑师的良师益友。他用中国成语"旧瓶装新酒"(New wine in old bottles)来形容自己在华的设计策略,但不是洋房与"中国帽"的拼凑,而用飞扬的曲面屋顶、配置的秩序、诚实的结构、华丽的色彩以及完美的比例五大项来表现中国建筑的内在精神,事实上引领了民国时期中国古典建筑的复兴风潮,而南京是他发挥特长的主要"战场"之一,金陵女子大学校园则是其杰出的代表作之一。

一曲移植和转化之歌：金陵大学

南京最早的教会大学是金陵大学，该校成立于1910年，是美国基督教美以美会在中国创办的著名教会大学，由汇文和宏育两所教会书院合并而成。校方在南京鼓楼西南坡购地2000余亩建造新校舍，同时中国政府以金大教授裴义理（Joseph Bailie）主持华洋义赈有功赠地百亩。校方聘请在芝加哥享有盛誉，擅长校园建筑设计的帕金斯建筑师事务所（Perkins, Fellows & Hamilton Architects）负责总体规划和主体建筑群设计，美国建筑师司莫尔（Alex. G. Small）担任现场督造和技术指导，金陵大学工务科主管齐兆昌任中方监理工程师，南京本地最大的陈明记营造厂承担施工，应该说这是一个在当时相当专业和强大的组合。

汇文书院的创办人福开森（J. C. Ferguson）和金陵大学校长包文（A. J. Bowen）明确要求"建筑式样必须以中国传统为主"，因此金陵大学建筑群是早期融入西方风格的中国传统建筑群，以塔楼为中心形成不完全对称的布局，建筑造型和装饰为中式，材料和构架为西式，建筑材料除屋顶瓦和基本土木外，大多由美国进口。从1910年开始设计、动工，至1925年陆续完成了东大楼（理学院）、礼拜堂、北大楼（文学院及行政院）、西大楼（农学院）。1936年，金陵大学因办学成绩卓著而获得国民政府30万元赠款，又在和北大楼相对的位置兴建起图书馆。虽然这批在较短时间段建成的核心建筑群只占整个金陵大学校园发展规划的一小部分，但校园北部中心教学区的基本轮廓已经形成，新校园轴线和标志性建筑都已竖起，楼宇林立，气势恢宏，与鼓楼并峙城中，成为当时南京最高

初建成的金陵大学教学区

大雄伟的一组建筑群，在社会上造成了相当大的冲击和影响。1952年后金陵大学校园成为南京大学校园的一部分。

金陵大学的用地是一块南北向的长方形用地，地势由北向南倾斜。主要的大学部分位于场地北段，主轴线尽端的中心教学区由北大楼（文学院）、东大楼（理学院）和西大楼（农学院）组成，围合成三合院。平行于主轴线还设计有第二轴线上的宿舍区部分。帕金斯事务所的规划明显借鉴了美国近代校园的规划模式：主要建筑沿南北主轴线排列，以轴线中间数条狭长的绿化带强化其纵深感，最后穿过建筑物围合的开阔草坪，结束于尽端壮丽的北大楼，北大楼高耸的钟塔控制了整个轴线的景观，并为地形的不断上升划上响亮的句号。几何图案的广场花园，精心布置的草坪绿地，道路中心的花坛等，尺度适宜，层次分明，这是一组典型的西方式的空间构图，以文教类建筑见长的帕金斯建筑师事务所处理起来自然得心应手。

金陵大学的主要建筑形式体现了北方官式建筑的一些特征，如灰色筒瓦歇山顶，造型严谨对称，外观用青砖墙面，建筑进深较大，窗小，显得封闭稳重。建筑细部也有浓重的中国传统装饰风格，如砖雕、纹饰等。

北大楼：金陵大学的主楼和标志性建筑，位处主轴线的末端。1917年设计，1919年建成。建筑面积3473平方米。大楼地上二层，地下一层，局部五层，砖木结构。北大楼是较早探索华洋结合式造型的大学建筑，主建筑为单檐歇山顶，筒瓦屋面。为追求群体空间的构图效果，将前半部正中突起五层为塔楼，此乃左右对称之中心，塔顶做十字脊，饰脊兽。墙体为南京明城墙的青砖砌筑，清水勾缝。北大楼构图反映出典型的西

20世纪20年代的金陵大学东大楼

金陵大学北大楼现状

方审美趣味，中央高塔仿效的是西方建筑中的钟楼，在整体建筑群中起统领作用，这和中国传统单体建筑构图迥乎不同。

东大楼和西大楼：以北大楼为中心，两侧分别是东大楼和西大楼。两幢楼都是在1915～1916年间设计，分别建于1917年和1925年，外观相似，两层砖木结构，平面长方形，内廊式布局，西式横向三段式体量构图，歇山顶，烟灰色筒瓦屋面，两座楼的屋顶都是脊上加脊，中段高耸起来。两座楼的外墙底层为明代城墙砖砌筑，上部为青砖，勒脚和门窗过梁部位采用斩毛青石。

礼拜堂：现名大礼堂，1917年设计，1918年建成，是现存最早的金陵大学老建筑。礼拜堂位处西大楼南面，该建筑在造型上模仿了中国传统建筑式样，单层砖木结构，屋顶主体为歇山式，侧面为硬山式，外墙全部由明代城墙砖砌筑，砖面上尚留有打造印记。山花、檐口有装饰砖雕和水泥粉刷传统纹样，空花的屋脊，烟色筒瓦顶，是金陵大学校园内细部工艺最精美的建筑物之一。

学生宿舍：在北大楼西侧，和主轴线平行，还设计了一组四幢学生宿舍，沿第二轴线排列，分别称甲乙楼、丙丁楼、戊己庚楼和辛壬楼。建于1925年，砖木结构，卷棚式屋顶，筒瓦屋面，外墙用烟色粘土砖砌筑。

从校园规划设计的成果来看，美国建筑师们试图让中国学生在自己熟悉的传统环境中来接受完全不同的西方基督教文化，可谓用心良苦。但即便在普通参观者眼中，也仍可从灰瓦歇山屋顶和雕花红漆门窗的传统外观下，隐隐约约体察到一些不同的氛围来。以我

金陵大学宿舍

们今天对中国古典建筑群体布局、木结构体系和具体做法的特点来考察，设计者似乎并未完全掌握中国建筑的要领，无论是规划布局、群体空间以及建造逻辑上，这组建筑都不折不扣地遵守西方传统建筑的布置原则，其仔细模仿的中国式外表，仅仅是一层"皮"而已。梁思成曾对这一现象进行过比较透彻的批判："……但他们的通病则全在对中国建筑权衡结构缺乏基本的认识的一点上。他们均注重外形的摹仿，而不顾中外结构之异同处，所采用的四角翘起的中国式屋顶，勉强生硬的加在一座洋楼上；其上下结构划然不同旨趣，除却琉璃瓦本具显然代表中国艺术的特征外，其他可以说是仍为西洋建筑。"这番评价在金陵大学校舍中亦可得到体现，例如北大楼两边夹持中央塔楼的体量组合全然是西式的，屋顶也奇异突兀；礼拜堂以砖石砌体承重和钢木桁架支撑屋顶也非中国木框架结构体系做法。当然我们很难了解到美国建筑师当时是否将中西文化置于相平等的层面上去考虑，但结合其职业背景，可以认为这是他们在坚持以西方建筑原型为内核的同时，将中国古建筑某些特征作为地域文化层面上的特征加以考虑，至于外观最后是否严格符合当地的各项要求，已经变得不太重要，也因而巧妙地避开了深入考证中国传统建造体系的难题。我们从中也可梳理出中国近代史上一段由西方建筑法则向中国建筑规律的转变和演化过程。

1937年12月，日军攻占南京。在此之前，金陵大学被迫西迁，为保护学校资产，金陵大学校舍建设的现场工程师之一，工务科主任齐兆昌毅然和其他30多名中西籍教职员一齐留守南京。当时，留守南京的西方人士发起组织了南京安全区国际委员会，设立安全区，并利用金陵大学校园设立了最大的难民收容所，使南京数万妇孺平民免受了日寇铁蹄的蹂躏。

西方古典建筑的大本营：中央大学

民国时期的南京是中国近代高等教育的重镇，建有三所有世界级影响力的高等学府，其中两所私立，即由美国基督教会开办的金陵大学和金陵女子大学，这两所大学内的主要建筑皆采用了飞檐翘角、雕梁画栋的中国传统宫殿样式；而另一所国立大学即民国最高国立学府——中央大学，其学术影响力一度位列亚洲第一，但校园规划和建筑的风格却是地地道道的西方舶来品。

中国高等教育近代化的进程不是对传统的"国子监""书院"的继承，而是移植和传播外国高等教育办学模式的结果。犹如蔡元培1930年时所言："吾国之今日大学，乃直取欧洲大学之制而模仿之，并不自古之太学演化而成也。"同时也将美国大学视作欧洲同类。特别是民国时期，美国教会大学的示范和留美人员在南京独领风骚，于是南京的高教"树林"最终都被修整成了以"美国模式"为主导、兼取中外之长的风格，既包括完全移植美国模式建立和发展起来的金陵大学、金陵女子大学这两所教会大学，也包括国立中央大学。它们不仅管理体制效仿美制，连校园规划都受美国模式影响，规划布局都借鉴参考了美国弗吉尼亚大学校园形制。弗吉尼亚大学形制是指由美国弗吉尼亚大学首创的，不同于英国传统的庭院式校园的一种开敞的规划方式：开敞的三合院布局，以大草坪为中心，空间向南打开，使师生与大自然建立密切关系，东西两面对称平行排列各个系馆，学生宿舍在两边

民国时期中央大学校门

中央大学礼堂

排成两排，三合院的轴线在北端结束于带穹顶的图书馆。由于这种三合院形制与中国传统宫殿的院落式布局颇为相似，其中轴对称、主体建筑位于尽端的格局符合传统伦理、等级的纲常文化，因而这种西方大学校园的轴线式三合院布局在近代中国获得广泛认同，也成为中国近代大学校园的基本形制，中央大学旧址（现东南大学四牌楼校区）也是这种模式的产物。旧址上的建筑绝大多数于1921年后建造，当时的校长郭秉文聘请杭州之江大学的外籍建筑师韦尔逊拟订通盘规划，校舍基本上呈对称布局，从南大门至大礼堂形成一条中轴线，图书馆、生物馆分布于大礼堂前方两侧，与大礼堂组成类三合院的开敞布局，中轴线两侧沿途布置规则形状的大草坪和其他系馆，形成排列有序、错落有致的格局。

如今中央大学旧址上现存的代表性建筑包括：南大门、大礼堂、孟芳图书馆、生物馆、科学馆、体育馆、工艺实习场、梅庵、金陵院等。

南大门：它是校园的主要出入口。门楼由杨廷宝设计，建于1933年。为与西式校园氛围协调，外形采用简化的西方古典建筑式样，门楼由钢筋混凝土的三开间的四组方柱和梁枋组成，额枋处书写校名，柱面刻凹槽线脚，简洁大方。校门在体型和形式上努力去适应整个校园的建筑与空间关系，并构成中轴线上校园主体建筑——大礼堂的视觉景框，更加烘托出主体的重要地位，二者形成有机整体。

大礼堂室内

大礼堂：这是中央大学的标志性建筑，位于校园中央，与南大门在同一条中轴线上。由英国公和洋行设计、新金记康号营造厂承包建造。建筑物庄严雄伟，属西方古典建筑风格。主立面朝南，取西方文艺复兴式构图，底层三门并立作入口，三排踏道上下。上部二三层立面用四根爱奥尼柱支撑山花。穹隆屋顶采用钢结构，上覆青铜薄板，顶高 34 米，形似皇冠，十分醒目。礼堂采用钢筋混凝土结构，内三层，建筑面积共 4320 平方米，可容 2700 余人，是当时国内最大的礼堂，观众席南面为门厅和休息厅，北部为巨型讲台，三层观众席，上部两层出挑极大。1931 年 5 月国民政府第一届全国代表大会曾在这里召开。在 1936 年国民大会堂建成之前，中央大学礼堂一直兼作国民政府重大会议场址，见证了一系列重大历史事件的发生。1965 年大礼堂添建两翼的教室，建筑面积 2544 平方米，为杨廷宝设计。数十年来，海内外中央大学校友均视礼堂为母校之象征。

孟芳图书馆：位于大礼堂的西南侧。1921 年国立东南大学成立，兴馆建舍，图书馆为当务之急。校长郭秉文劝说江苏督军齐燮元出资捐建，由外国人帕斯卡尔（Jousseme Pascal）设计，1924 年建成。落成后以督军之父齐孟芳之名命名为孟芳图书馆，清末状元张謇亲手题匾。图书馆平面呈"品"字形，钢筋混凝土结构，用仿石材的水刷石粉面。正立面取纵横三段式古典构图，门廊前伸，做成希腊神庙式外观，四根巨大的爱奥尼柱直贯两层，比例匀称。校长郭秉文书《图书馆记》石碑立于门廊左侧。整体造型的合理比例、局部处理的精细入微，以及单色调的视觉感受，使建筑物显得雄伟庄严。目前是东南大学的行政办公楼。

生物馆：中央大学生物馆建于1929年，李宗侃设计，上海金祥记营造厂承建。建筑占地面积1350平方米，高三层，位于大礼堂东南侧，立面造型为西方古典建筑式样，与道路另一侧的孟芳图书馆相似，以取得构图上的呼应。建筑物呈轴线对称，构图严谨，南向正中采用希腊式神庙入口，无门廊，代以紧贴墙面的四根爱奥尼壁柱，山花装饰有线刻的史前恐龙图案，暗喻了建筑的功能。1958年，该建筑物更名为"中大院"，由杨廷宝设计，在东西两翼扩建教室，作为学生设计教室和图书室，使建筑总面积达到4049平方米，目前是东南大学建筑学院所在地。

科学馆：1922年由美国洛克菲勒基金会出资拟建，上海东南建筑公司设计，三合兴营造厂承建，为两层的科学馆，1923年原址建筑遭火灾，1924～1927年在此建造科学馆。建筑面积5234平方米，平面呈"工"字形，中廊式对称格局，砖木结构，中部四层，两翼三层，地下室一层。除常规的办公、实验用房外，一层还设一扇形大阶梯教室。建筑物主体外观为简化的西方古典式样，4根爱奥尼柱式门廊前伸，无山花，拱形入口三个，铁铸镂花门窗。东西两侧外墙用古典方壁柱作贴壁的垂直划分，二三楼层相交处做压檐处理，檐下有精致的浮雕纹样。红瓦坡屋顶，设老虎窗，立面开窗排列规则，局部墙面少许装饰，有理性的意味。这里曾是近代科学大师云集之地，在此楼学习工作的师生中包括著名科学家竺可桢、吴健雄、严济慈、李四光、童第周等。现为东南大学信息科学与工程学院（又称健雄院）。

体育馆：位于校园西北角，

中央大学体育馆

大操场的西侧。该馆 1923 年落成，建筑面积 2317 平方米，为当时国内最大的高校体育馆。砖木结构，高三层，坐西朝东，南北对称。钢组合屋架、木地板。受西方古典复兴手法影响，采用西方古典柱式门廊突出入口，西式扶梯双路上下。青砖墙，拱形窗，红瓦屋面，屋顶设烟囱，造型简洁，色彩素雅。除了开展体育活动外，民国时期这里还曾举办过泰戈尔、杜威、罗素等国际知名人士的演讲，轰动一时。今天该处仍然是东南大学重要的体育活动场所。

工艺实习场：位处大操场的北侧，该场于 1918 年立础，翌年建成，是校园内现存最早的建筑物。坐北朝南，砖木结构，高两层，面阔十二开间，进深三间，东西对称。平屋顶，墙壁用明代城墙砖砌造。西门楣上刻有"工艺实习场"5 个楷书繁体字。在这幢房屋的西南角墙壁上，镶嵌有一块石碑，上刻"南京高等师范学校工场立础纪念民国七年十月建"21 个楷书繁体字样。如今该处经修缮改造，成为东南大学校史陈列馆。

国立中央大学校园是近代中国极为难得的规划完整的一组西式建筑群，堪称西方古典建筑风格在南京的展览馆，充分折射出中西文化在 20 世纪早期的一种融汇碰撞，深层次反映了当时的社会政治和思想文化的激荡与冲突是如何影响高等院校的校园规划和建筑形态的表达。

流年碎影：中央博物院

翻开中国近代建筑历史的画卷，民国时期的中央博物院不仅堪称民国建筑的典范之作，也被视作民国南京的标志之一。这组紧邻中山门的建筑群气势不凡：背依钟山，铺陈在中轴上深远宽阔的草坪尽头，三层石台基上耸立着九开间的庑殿顶棕色琉璃瓦大殿。屋面出檐深远，斗拱雄大有力，沉重的屋顶"如翚斯飞"，完美诠释了中国古典建筑的形象。

事实上，这一经典形象的塑造实属不易，从筹备、设计到修建，过程可谓一波三折，经历堪称传奇，从中可以管窥那个时代的艰辛和知识分子的努力。

1933年4月，蔡元培先生提议：应在南京建立中央博物院，用来收藏、整理、研究、展出中国历代流传下来的珍贵典籍和文物。教育部为此成立"国立中央博物院筹备处"，聘请历史学家傅斯年为主任，中央研究院则提供人才和经费方面的支持。1935年4月南京市政府批复：划出中山门内半山园旗地100亩建院，后又追加93亩。拆迁等费用5万多元由中央研究院补助，建筑费150多万元由管理庚款中英董事会拨付。博物

原中央博物院现状

院拟设自然、人文、工艺三馆。全部工程分三期，第一期先建行政办公楼和人文馆。设计招标书发给了当时 13 位建筑师：李锦沛、徐敬直、奚福泉、庄俊、李宗侃、陈荣枝、陆谦受、童寯、过元熙、董大酉、虞炳烈、杨廷宝和苏夏轩。1935 年 4 月 16 日由管理中英庚款董事会总干事杭立武，著名建筑师刘敦桢、梁思成，文化名人张道藩，考古学家李济 5 人组成评委会，对设计图进行了审定。

这块地南邻中山东路，东邻老旗街，西邻规划中的一条城市干道。南北长 468 米，东西最宽处 173 米，西南为平面呈矩形的"遗族学校花园"。基地是一块不规则的"菜刀形"，并且由东南向西北渐低。因此，如何在"菜刀"上，营造出与国家级博物院匹配的庄严雄伟气势，成了设计成败的关键。其中由兴业建筑师事务所徐敬直和李惠伯两位建筑师提出的方案，正是根据入口地形狭长的特点，把建筑主体妥帖地置于狭长入口的中轴线上，营造出庄严雄伟的气派，这一巧妙处理让梁思成等觉得豁然开朗。尽管评委会认为没有一份方案完全符合任务书的要求，但最后梁思成、刘敦桢建议以总图布置出色的徐敬直等的方案为基础，将清式主体建筑改建成难度很大的仿辽代殿宇。

但是为什么会选择辽代建筑作为蓝本？这是有特定的时代原因，筹备处认为中央博物院的建筑设计思想应体现中国早期建筑风格，以弘扬中华民族的传统文化精神。中华文化可以上溯商周，可是根本没有商周建筑留存，尽管唐代建筑集中国早期建筑精华之大成，具有代表性，但当时大型完整的唐代建筑尚未发现，而以梁思成、刘敦桢等为首的"中国营造学社"已经发现了一批辽代建筑，如辽宁义县奉国寺、天津宝坻县广济寺、蓟县独乐寺等。这是当年中国土地上发现的最古老的一批木

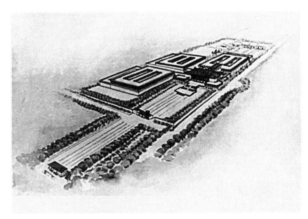

徐敬直等设计的中央博物院方案

117

构建筑。既然要继承道统，当然要以最古的为依归。这是民国建筑在民族与现代化历程中颇典型的案例，是国民政府企图借由实质的建设来强化国家主体性。最终整个建筑没有超越中国古典建筑的基本体形，保持着整套传统造型构件和装饰细部，其结构遵循中国古建筑典籍《营造法式》的规范，内部陈列则仿自美国某博物馆，是中国第一代建筑师尝试将"民族性"与"现代化"相结合的一次可贵探索。对此梁思成先生曾评价道："至若徐敬直、李惠伯之中央博物院，乃能以辽、宋形式，托身于现代结构，颇为简单合理，亦中国现代化建筑中之重要实例也。"这种非同寻常的尝试，最终让中央博物院蜚声中外，同时，也为南京从1929年《首都计划》开始的宫殿式机关办公楼的营造热画上了一个完美的句号。从其不寻常的诞生经历中可以看出，中央博物院可视作众多民国建筑专家、学者集体智慧的结晶，其建筑本身就是堪称国宝的艺术品。

1936年11月，蔡元培为中央博物院亲手奠基，此后开建一期工程约占总量的58%。次年8月，主体大殿（人文馆）已完成大半，一座漂亮的博物院雏形初现。但此时战事趋紧，日军进攻上海并频繁轰炸南京，8月底，工程被迫停工。不久，南京沦陷，筹备处连同所属文物辗转迁往四川、云南等地。日伪统治时期，在博物院内设立防空机构，并修改了房屋结构，使建筑遭到严重破坏。抗战胜利，国民政府还都南京，决定按照原设计方案续建中央博物院。到1948年4月，第一期工程竣工。从提议到完成，

近年经过修缮扩建后的博物院

这座耗时 15 年，饱经风雨的国家级博物院终于展现在世人面前。当时恰逢国民政府"行宪国大"召开，为表示庆祝，从 5 月 29 日到 6 月 8 日，新建成的国立中央博物院与国立北平故宫博物院在南京举行了一次联展，陈列了大量珍贵的历史文物。蒋介石曾来此观看亡国昏君宋徽宗的画像，痛心疾首地告诫手下要励精图治。然而不到一年光景，蒋介石就无奈地逃到台湾去了，历史惊人地实现了它的轮回。

1949 年后，"国立中央博物院"直接由中央文化部领导，1950 年 3 月经文化部批准正式更名为"南京博物院"，藏品近 45 万件，数量仅次于北京故宫。2012 年开始，经过周密论证，在确保整体格局和主体建筑形态不变的前提下，以中国工程院院士程泰宁为首的团队采用顶托的方式，成功地对民国时期修建的主体大殿进行了抬升，并扩建了配殿和地下室，以增加展陈和研究空间，2013 年 10 月底重新开放。

民国最高研究机构：中央研究院

中央研究院是民国时期中国最高学术研究机关。1928 年 6 月，在蔡元培等人的倡议下，中央研究院在南京成立。至 1937 年全面抗战爆发前，"中研院"下辖物理、化学、工程、地质、天文、气象、历史语言、心理、社会科学以及动植物等十个研究所。其中除了物理、化学、工程三个研究所设在上海以外，其余均位于南京。中央研究院首任院长为蔡元培，继任院长为朱家骅。殷墟甲骨在这里清理鉴定，几乎所有民国时期文、理、工诸科的学术大师都曾在这个院落里进进出出，那是一种怎样的盛况！1948 年中国现代意义上的第一批院士也是在此诞生。新中国成立以后大部分改组为中国科学院等机构，少量在台湾地区重建并保留原称。南京中央研究院旧址坐落于北京东路 39 号（原鸡鸣寺路 1 号），背靠北极阁，毗邻古鸡鸣寺，环境幽静，庭院深深，是绝佳的学术研究之地。

时任基泰工程司建筑师的杨廷宝从 1931 年开始主持中央研究院建筑群的规划和建筑设计，规划布置顺应地形，先后建起地质研究所、历史语言研究所和总办事处三座主要馆舍，尽管各建筑的年代跨度达 15 年，但风格一致。院内山石、树木和民族风格的建筑相映成趣。

最早建设的是地质研究所，位于基地西北方的北极阁山坡上，门朝东南，是一座仿明清宫殿式建筑，朱森记营造厂承建。地质研究所建筑高二层，钢筋混凝土结构，建筑平面呈"凸"字形，面积约 1000 平方米，一楼中部设有地质标本陈列室，其余为制作、资料、科研、办公用房。拾级而上，迎面为一覆小歇山屋顶的三开间门廊，其后主

1948 年中央研究院第一届院士合影

原中央研究院地质研究所现状

体部分采用单檐歇山顶，屋面为绿色琉璃瓦，梁枋及檐口部分为仿木结构，雕梁画栋。建筑物用清水砖墙砌筑，配以水泥花饰，勒脚用粗石块。1932～1937年李四光在此主持工作，20世纪50年代曾任所长，院内北端修一两层外廊式青砖小楼——"左之楼"，即为李四光当年故居。该旧址现为南京古生物所基础科研部的办公楼。

　　1934年，由杨廷宝设计，六合营造厂承建的中央研究院历史语言研究所建成了。建筑位于场地中心部位，与总办事处同处一轴线上，楼高三层，钢筋混凝土结构，建筑面积1700平方米。建筑平面呈"一"字形，两端为阅览室和小型书库，其余部分为办公、研究用房。建筑外观依然采取宫殿式大屋顶造型，单檐歇山顶，上覆绿色琉璃瓦，屋顶背面设老虎窗和盝顶造型烟囱，檐下仿木梁枋和斗拱上施以彩画。外墙上部为清水青砖墙，下部采用水泥仿假石粉刷。屋顶大楼入口朝南，仅以简单的小披檐罩住拱形门洞，门口安放一对瑞兽石雕。该旧址现为南京古生物所现代古生物学和地层学国家重点实验室、古无脊椎动物学研究室的科研办公楼。

　　总办事处大楼落成于1935年，面临城市道路，体量最大，位置突出，

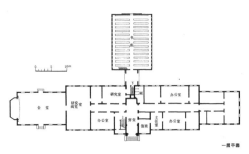

20 世纪 40 年代的中央研究院总
办事处外观

20 世纪 40 年代的中央研究院总办事处
一层平面图

形成建筑群的主体，并在体形和总图上很好地整合了原有用地，使院落空间更加向心内聚。该楼由新金记康号营造厂建造，楼高三层，钢筋混凝土结构，建筑面积 3000 平方米，平面呈"T"字形。入口处建有二层门廊及装饰门套，经过穿堂来到后面突出部分，便是一座三层书库；前楼为办公、科研用房，西侧建一小型会堂。外形和原有建筑保持一致，具有浓郁的民族风格。由于和城市环境相邻，因此在造型和细部刻画上格外讲究：以两层歇山顶山墙面作为大门形象，使用了博风板、悬鱼、额枋角梁的旋子彩画、绿色琉璃筒瓦、菱花格窗以及前出抱厦等古典元素，整个建筑物比例精美、尺度合宜，用色和用材富丽堂皇，形体和屋顶组合也更加丰富多样，体现了深厚的中国传统建筑涵养。建筑师杨廷宝在实践中并不拘泥于传统，此组建筑在形式上还大胆革新以适应现代功能需求，如设置老虎窗，山墙开大窗，简化的彩画、梁枋和斗拱做法等。

该组建筑虽然模仿了中国北方官式建筑形制，但作为一座国家级学术研究机构，设计师将中国古典建筑语汇成功用于现代建筑功能上，处理得和谐统一又不失变化，在当时的社会文化背景、工程技术和基地条件下，应当是适宜的。如今该组建筑保存完好，现为中科院南京分院和古生物研究所使用。漂亮的建筑群和院落为城市环境增姿添彩，吸引着四面八方的参观者。

钟山上的明珠：紫金山天文台

  南京紫金山天文台是中国人自己建立的第一个现代天文学研究机构——国立中央研究院天文研究所的旧址，被誉为"中国现代天文学的摇篮"。1927 年国民政府迁都南京，蔡元培应邀组建大学院，任命高鲁为大学院观象台筹备委员会主任。11 月 20 日，国民政府召开"国立中央研究院筹备大会"，高鲁向筹备大会提交议案《建国立第一天文台在紫金山第一峰》，获得通过。不久，国民政府向中央研究院下达 293 号训令，指示立即筹建紫金山天文台。次年，高鲁聘请南京市工务局李宗侃建筑师设计天文台建筑图，还亲自与助手到紫金山第一峰查看测定。不过在台址选择上，却经历了诸多周折。当时紫金山属于总理陵园管理委员会管辖范围，由于紫金山第一峰过于靠近中山陵，在山南坡开盘山公路露出黄土"有碍国际观瞻"，总理陵园管理委员会又要求以"中国固有式"设计天文台建筑方案，与陵园保持一致。第一峰北麓陡峭，建设花费巨大，而飞檐翘角的屋顶与天文台圆形球顶建筑形式又不符，且面临着经费困难，因此继任天文台长余青松另外勘测地形，重新绘制盘山公路，最后将台址选在紫金山第三峰。由于前期耗时过长，因此天文台方直接委托天津基泰工程司建筑师杨廷宝设计建筑单体。1928 年冬，拉开了艰辛施工的序幕。在艰难岁月里，紫金山天文台的基建施工，曾因国事多秋民族危难而多次陷入停工的困境，但在余青松主持下，经过五年多的辛勤工作，紫金山天文

建成后的紫金山天文台

紫金山天文台入口处牌坊

台终于在1934年8月全部建成，并于9月1日举行了落成揭幕典礼。

最终建成的紫金山天文台位于南京东郊紫金山风景秀丽的第三峰——天堡峰上，核心是天文台一组建筑群，由行政办公用房和观象台组成，1931年建成。该组建筑群基本按轴线对称布置，用平台的办法，将矩形的行政用房和圆形的观象建筑有机结合成一体。中轴上入口牌楼采用毛石作三间四柱式，覆蓝色琉璃瓦，跨于高峻的石阶之上。各层平台均设计成中国传统的月台形式，采用民族形式的栏杆，建筑台基与外墙采用就地开采的毛石砌筑，朴实厚重，与山石环境浑然一体。设计时根据地形高差，赋予二层高的台体以功能性质——建造了二层办公用房，底层为一般办公，二层为馆长室、会议、档案等房间，在底层两侧和二层中部北侧均有出入口与室外相通。北侧二层高穹隆顶的观象台是天文台的主体建筑。天气好时，南京城的许多角落都能看到在阳光下熠熠生辉的观象台穹顶。建筑间以梯道和栈道通连。立面上以西方古典三段式和中国传统建筑样式结合，塑造出一种中西结合、以中为主的整体效果。最有意思的是台顶一圈带须弥座的官式栏杆，这原是中国传统建筑中基座的做法，被建筑师拿来置于顶部，颇有新意。

自杨廷宝设计的第一座观象台建成后，紫金山天文台在山顶又建了好几处观测台，基本延续了杨廷宝设计的风格，隐藏在青山绿树中的这组闪光明珠，不光是中国天文工作者的重要科研场所，也是南京的一处胜景。

天文台点缀在紫金山巅

　　1935 年 5 月，紫金山天文台首次发现一颗小行星，国际行星中心按紫金山天文台意愿将其命名为"中国号"。如今的紫金山天文台全称为"中科院紫金山天文台"，其已经发展成为以天体物理和天体力学为主要研究方向的研究机构，是中国一流的天文基础和应用研究及战略高技术研究基地。

风云际会：扬子江饭店

旅馆业是城市商业重要的组成部分，外来客对城市的初始印象往往起步于此。其发展水平与当地经济、政治和社会等因素紧密相连，从一个侧面反映出城市的地位和形象。同时，现代旅馆饭店具有的社交功能，往往也使其成为政治和社会活动的舞台，从而见证历史事件。

南京最早的西式旅馆出现在民国之初。1898年，南京下关开埠之后，长江滨江地区成为当时交通方便和商贸发达的地区。1912～1914年，法国人法雷斯（Farès）出资申请并设计建造了一家名为"法国公馆"的西式饭店，这是南京作为通商口岸正式对外开放后最早的一家西方人开办的高级宾馆。1921年，法雷斯病故，其妻李张氏改嫁和记洋行职员英侨威廉·伯耐登（William Bonnard），继续经营该饭店。1927年，法国公馆改名扬子江饭店。

扬子江饭店位于南京市下关区（今并入鼓楼区）宝善街2号，建筑占地约3000平方米，面积约2336.5平方米。现存建筑坐北朝南，包括四层主楼一幢，两层楼一幢，建筑最高处18.65米。建筑皆为砖木结构，以

法式城堡式样的扬子江饭店外观

明代城墙砖为主要材料砌筑而成，室内楼梯、地板、屋架部分为木质，屋面为红色彩钢板。

扬子江饭店具有独特的造型风格，是一幢"中西合璧式"建筑：外观采用显著的西洋建筑风格，但墙体材料使用中国的城墙砖，据说城墙砖大部分来自浦口点将台。而室内细部可见中式装饰作为点缀。由于是法国业主，因此扬子江饭店采用了法国古典主义府邸式样，红色的法兰西孟莎顶加上阁楼的老虎窗，十分显眼。主体建筑西侧的两层部分呈对称式构图，南向设一圈敞廊，东侧部分体形高耸，错落有致，类似于城堡式的外观。建筑外墙略作收分，线脚精美，以明代城墙砖砌筑，并直接将材质的肌理显露，古朴典雅。因此扬子江饭店的整体建筑风格端庄古朴，颇具异国情调，而细节处又见中式风韵，呈现出独特的个性，是研究西洋建筑在近代中国传播和转化的重要案例。

南京民国时期以扬子江饭店为代表的外资旅馆首开风气，引入西方模式，开创了新的旅馆建造方式和经营理念。这类西式旅馆一般规模较大，为多层建筑，建筑风格西化。内部功能齐全，除客房、餐厅外，还设有台球、酒吧、舞厅等娱乐空间，以及理发店、会客厅和小卖部等便利服务设施，配备有电话、电梯、暖气等先进设备，室内有卫生间，并采取西方先进管理和经营经验。外资旅馆的经营方式、服务内容和先进设施为这个行业注入新的活力，此后无论是民族资本抑或政府投资的中西式旅馆、公寓，从建筑布局风格到经营管理模式都深受影响，如中央饭店、首都饭店等。

这幢旧式洋楼里发生过许

用明城墙砖砌筑是扬子江饭店一大特色

多故事，留下了不少中国近代历史的烙印。1929年，国民政府举行奉安大典，扬子江饭店被指定为招待各国专使的定点饭店。1933年，宋庆龄女士率"中国民权保障同盟"代表团一行，为营救陈赓、罗登贤、廖承志、陈藻英、余文化等著名革命者，以及到国民党南京大石桥江苏第一监狱探视慰问国际友人牛兰夫妇，专程来到南京。以往宋庆龄到南京多下榻于花园饭店（即今江苏饭店），此行的目的与以往不同，为了避免国民党特务的跟踪监视，她选择了由英国人经营的、相对安全的扬子江饭店。行政院院长汪精卫、司法部部长罗文干还专程到此拜望宋庆龄，扬子江饭店因此名噪一时。扬子江饭店作为一幢具有非常重要历史价值的近代建筑，2002年被列为江苏省文物保护单位。

新中国成立后，因业主亡故，无子嗣继承房产，扬子江饭店由南京市房管局接收，2016年经过精心修缮和内部更新后，被打造成为一家高端的民国风情酒店。

城市坐标：交通银行南京分行

这是一座重要的民国建筑，对南京城市中心地段形态影响很大，也是南京市民记忆中鲜明的地标，它就是交通银行南京分行。

交通银行乃中国早期四大银行之一，系 1908 年清政府为赎回京汉铁路而设立。最早的交行总部设在北京正阳门外西河沿，1910 年开始在南京马府街设立江宁试办分行，简称"陵行"。此后，行址屡有变迁。1935 年迁至新街口新址办公，称为"京行"。经过 20 余年发展，到 20 世纪 30 年代初南京分行事业到达顶峰，1933 年开始筹建市区中心新街口地段中山东路 1 号的新址，当时的交通银行已经居于民国金融机构的前列。中外著名银行大都有设计宏伟豪华的大厦作为银行行址的惯例，业务蓬勃发展的交行自然也有这样的需求，此举不仅能显示出银行的资力雄厚，从气势上力压群雄，同时，也具有永久的纪念意义。

交通银行南京分行的设计由上海缪凯伯工程司建筑师缪苏骏承担，新亨营造厂承建，1935 年 7 月竣工，工程造价约 20 万元。该建筑分为南北两部分，主体建筑位于南部，为钢筋混凝土结构，平面近似矩形，地

1937 年新街口街景，图上方为交通银行

上四层，地下一层。占地面积 1858 平方米，建筑面积 4187 平方米。主楼一层为营业大厅，二、三层空间均为办公用房，所有房间围绕二层通高中庭布置，这也是当时十分时髦的采光方式。四角塔楼四层高，为楼梯和储藏间。北部有三座两层高配楼（下房）。

交通银行主体建筑为西方罗马式新古典主义造型，大楼正面朝南，门口有 4 根高达 9 米的爱奥尼式巨柱直抵二楼，两侧塔楼间以花瓶栏杆连接，遮住背后的屋面，大楼外部东西两侧各配有 6 根式样相同的檐柱。主楼有高达 2 米的宽厚檐部，出挑也有 1 米多。这条檐部是建筑外观上结实的收边，带来了舒展的视觉效果，檐口的齿饰线脚等装饰构件也遵照西方古典的细部做法。建筑外墙面采用水泥斩假石，做工细腻。整个建筑显得坚固挺拔、浑厚凝重，显示了银行业主的雄厚资本和经济实力。

交通银行自 1935 年矗立起来后，就成为南京市中心新街口地区的地标，其高度、规模和非同寻常的西方古典面貌显得异常突出。而业主选择缪凯伯工程司这样当时并不知名的设计机构，很可能和交通银行在各地分行建筑中推广彰显其身份地位的"全国通行之罗马式"规则，以及著名建筑师庄俊的推动不无关系。考察交通银行在 20 世纪二三十年代各

修缮后的交通银行外观

地所建分行，会发现造型十分相似：三或四层罗马式新古典主义外观，主立面横向分成三段式，正中耸立着高大的爱奥尼柱式，顶着顶层或檐口，据信这种做法皆来自交行广东分行的原型，并在交通银行顾问建筑师庄俊的发展下，变为一种适应性强、形体简洁、气派庄重的"通行罗马式"。为何交通

1943年新街口西南角的邮政储金汇业局

银行南京分行交由名声并不响亮的缪苏骏建筑师设计，如果浏览其简历，可以发现缪苏骏当年是在庄俊介绍下参加中国建筑师学会，他们应该是相熟的朋友，因此有理由相信，是庄俊推荐缪苏骏作为南京分行的设计师。而业主基于对庄俊建筑师的信任，选择尽管名气不大但能实施罗马式古典路线的缪苏骏也就不足为怪了。

日军占领南京期间，这里成为汪伪中央储备银行行址，当时在顶部平台中部又增建一座两层建筑。抗战胜利后，一度被中央银行南京分行占用。不久，交通银行南京分行在原址恢复营业。1949年后，中国人民银行曾短暂入驻中山东路1号直至20世纪70年代工商银行使用至今。

20世纪三四十年代南京的新市中心——新街口广场周边逐渐形成了围合，除西北角外，其余三角皆为银行所据，如东北角：交通银行和浙江兴业银行（中山东路3号，1937年）；西南角：邮政储金汇业局（20世纪30年代后期），盐业银行（1936年，庄俊设计）；东南角：大陆银行（20世纪30年代后期），聚兴诚银行南京分行（1934年，李锦沛设计），从此，此处也成为民国南京真正意义上的金融中心。如今，除东北角的交通银行和浙江兴业银行尚存外，其余旧银行建筑均已拆除，原交通银行作为"历史地标"的意义就变得十分显著。

作为江苏省文物保护单位和重要近代建筑遗迹，原交通银行旧址如今经过修缮更新，在延续金融功能的同时，也继续发挥着城市地标的作用。

衣香鬓影叹浮华：大华大戏院

西式戏院是伴随西方话剧和电影放映需求而在民国时代产生的一种新建筑类型，因为在此也可上演中国传统戏曲，又被称为"影戏院"，通常是城市聚集人流最多的重要公共场所之一。国民政府1934年开始倡导"新生活运动"，强调学习西方的生活方式，这又在客观上推动了电影在中国的传播。这一时期南京地区影戏院数量剧增，其中最著名的有"四大戏院"：首都大戏院（后称解放电影院）、新都大戏院（后称胜利电影院）、大华大戏院（后称大华影院）和世界大戏院（后称延安剧场）。

20世纪30年代的南京新街口广场不仅是金融商业中心，也是娱乐中心，北口有新都大戏院，南口有大华大戏院，还有不远处淮海路的中央大舞台，在这批娱乐设施中最大最豪华的当属1934年筹建，1936年5月建成，由建筑大师杨廷宝先生设计、美籍华人司徒英铨集资建造、上海建华建筑工程公司营造的大华大戏院，紧邻1936年1月开业的当时最大

民国时期的大华大戏院

大华大戏院内景

的商贸机构——中央商场，它们的并肩出世轰动首都，成为当时的一件盛事。

大华大戏院总建筑面积2500平方米，能容纳1700多名观众。一进前厅眼前豁然开朗，浓郁的"中国风"扑面而来，设计独特，全国罕见：12根通高两层的大红圆柱顶天立地，柱头上装饰有绿底金粉勾出的彩画纹样，天花吊顶用透光的彩色玻璃做出传统的平綦图案，墙上镶嵌宫廷灯式样组合壁灯，五光十色，别有情调。前厅内布置有售票处、男女休息室、衣帽间和洗手间；再进入观众厅，空间更大，长66米、宽33米，分为上下两层，舞台、天花、墙壁完全按照现代剧场的视线、声学要求布置。内部装修考究舒适，座椅都是软席，而非当时普遍使用的木质排椅，座位距离也很宽绰。大华大戏院设空调，但尚属简陋，就是夏天很热的时候，有一个水塔，通过冷机房，往影院输送冷气。较同时期其他戏院而言，大华大戏院可谓环境舒适，管理严谨。与高贵华丽的民族传统式样的室内相比，大华大戏院的沿街立面比较新颖，外观简洁明快，水平带窗，朴素大方，高挑向前的宽大雨棚在转角处采用了弧线处理。

大华大戏院是杨廷宝这位中国近现代建筑史上杰出的设计大师一生重要的设计作品之一，这时他的创作功能合理，设计风格处于向装饰艺术和现代派形式的发展阶段，而将民族性表达重点放在室内装饰上，典雅细腻，堪称民国建筑杰作。大华大戏院也集中反映出 20 世纪 30 年代，感性摩登时尚和经济实用的优越性已成为中国第一代职业建筑师探索新建筑的出路，并在实践中向现代建筑转变。

当时的大华大戏院堪称全国罕见的恢宏气派、设施豪华的戏院，1936 年 5 月 29 日开业时，京剧大师梅兰芳应邀演出，众多商贾名流亲临捧场，几乎半个南京城的市民都跑来争睹盛况，轰动一时。全国媒体竞相报道，赞美之声铺天盖地，将其形容为"中国的白宫"，"设计和建筑极尽时代化的能事，四壁金碧辉煌，图案布置极为玲珑雅致"。由于大华大戏院以播放好莱坞等外国最新影片为主，很快成为首都地区达官贵人、社会名流交际往来的重要娱乐场所，蒋介石也经常光顾。由于设备一流，票价也最高，据称可抵当时普通人一个星期的伙食费，因此到大华看戏甚至成了当时南京市民地位的象征。

1937 年南京沦陷后大华大戏院舞台上部被战火烧毁，1938 年日军修复后专映日片，20 世纪 50 年代曾是军人电影院，后转为地方经营，重启旧名"大华电影院"。2011 年该建筑得到了建成之后最大规模的一次修缮改造，基本恢复了其旧日的风貌，功能也得到延续。

作为民国时期南京标准最高、规模最大的戏院，大华大戏院具有一种特殊的历史意义和价值，它不仅是中国建筑现代转型的样本，也是透视近代南京都市环境和民众生活方式、一窥民国南京浮华画卷的窗口。

行色匆匆：美国大使馆

南京民国建筑的一大特色就是类型丰富多样，几乎涵盖了几乎所有现代生活的类型，又因为南京是民国时期的首都，在这里还可以见到其他城市没有的特殊建筑类型，例如外国驻华使领馆。南京众多的大使馆建筑中，最受关注的就是美国驻中华民国大使馆，地点先后共有两处，一处位于上海路82号，是抗战前的美国大使馆，首任驻华大使是纳尔逊·詹森（Nelson Trusler Johnson）。另一处在西康路33号，是抗战胜利后国府还都之后新建。1946年7月，美国政府任命出生在杭州，长期在中国工作，创办金陵神学院和燕京大学的著名传教士中国通司徒雷登（John Leighton Stuart）为大使，接替詹森，大使馆馆址迁到西康路，原上海路馆舍改为新闻处。由于美国在国共对立双方中充当调停人的角色，因而美国大使馆也就成了世人瞩目的焦点。

西康路美国大使馆馆舍深藏在幽静庭院内。进门的庭院正中间是主楼（现称8号楼），平面呈凹形，底层正面和侧面为起居通廊，中部高耸，为客厅和办公室，后部为厨房、餐厅，卧室、盥洗间布置在楼上，地下室为锅炉房及贮藏室。馆舍采用中西合璧的风格，体量采用了典型的20

建设中的西康路美国大使馆

美国大使馆院中的宗教祭台

世纪初美国乡村别墅形式，舒展轻松，简洁大方，屋脊两侧及后部竖有壁炉烟囱，但屋面又是中国坡顶的做法，栏杆和墙面局部也装饰有中式传统回纹花饰。8号楼后的山坡上，是三幢造型相同、规模相等的西式楼房和三幢西式平房，依山坡地势而建。建筑物全部为砖石结构，高二层，另有地下室一层，每幢楼房建筑面积936平方米。

三幢平房建在每幢大楼后面，是随从人员及仆役的住所，每幢建筑面积约96平方米，砖木结构，灰板条天花，普通木地板。

主楼的右前方，有一座当年的基督教祭台。祭台上有一堵用石头砌筑的墙壁，墙壁上砌有一个巨型的蜡烛，蜡烛的火焰位置安装着一盏仿古铜灯。祭台墙上爬满了紫藤，周围绿树掩映，隐约让人体会到传教士出身的司徒雷登的宗教虔诚。而司徒雷登在宁任大使期间则居住在青岛路35号的洋房内。

金陵大学工务处主管齐兆昌是美国大使馆的设计者，曾留学美国。齐兆昌是基督徒，由于在基督教会服务工作中的敬业和专业，以及日军占领南京时的人道主义精神，他深得美国教会组织的信任。1946年，金

20 世纪 40 年代后期海军陆战队守卫的美国使馆大门

陵大学副校长、沦陷时期南京安全区国际委员会主席、美国传教士贝德士（Miner Searle Bates）向时任美国驻中华民国大使的司徒雷登积极推荐由齐兆昌设计西康路的使馆新址。据齐兆昌之子中国科学院院士齐康回忆，家中曾存有司徒雷登对齐兆昌设计使馆工作的表彰函。

    1949 年 4 月 23 日，南京解放，而司徒雷登并未立刻离开，而是留下来观察形势，随时准备与中国共产党接触，以开创美国对华外交新局面，因此滞留在南京达三个多月，最终因斡旋未果方在 8 月怏怏离开。见证了民国中美外交风云的美国大使馆投入使用仅仅三年便被关闭。目前旧址为江苏省省级机关招待所（又称西康宾馆）所在地，是江苏省文物保护单位。

都市里的乡村哥特：基督教圣保罗教堂

　　基督教圣保罗堂位于太平南路 396 号，是南京现存最早的基督教圣公会礼拜堂之一。英国圣公会是基督教中的一个教派，它否认罗马教皇，而以英国国王为教会的最高元首，为英国国教。南京圣公会归属中华圣公会江苏教区领导，1909 年由美籍传教士季盟济传入南京，1910 年开始在马府街一带传教。1912 年，季盟济等人在门帘桥大街（今太平南路）购置田产，次年建造了一座小礼拜堂，命名为"圣保罗堂"。1920 年，季盟济会长从美国圣公会信徒那里募集到一笔数额不菲的捐款，于是筹划扩建新的教堂。1922 年在原址兴建，1923 年竣工，仍称"圣保罗堂"。

　　新建的教堂由时任金陵大学工务处主管的建筑师齐兆昌设计监造，陈明记营造厂承建，工程总造价 1.2 万美元（折合当时银子 4.8 万两）。圣保罗教堂采用了朴素典雅的欧洲乡村式小教堂形制，由大礼拜堂、钟楼、布道所、神职人员宿舍和膳房组成，建筑面积约 800 平方米。主建筑（大

太平南路上的基督教圣保罗堂

礼拜堂）坐南朝北，砖木结构，局部高3层，通面阔8间11米，进深13.47米，高11米，连钟楼在内，建筑面积485平方米。

圣保罗堂内景

圣保罗教堂造型模仿欧美乡村哥特式小教堂做法，尖拱券门，钟楼高耸，颇为地道。大礼拜堂外墙下部用的是明代城墙砖，上部青砖，全部经过加工磨光，并以清水勾缝。内部采用西式木结构桁架支撑屋顶，屋面覆方形水泥平瓦。关键部位如窗台、门套、墙中部的环箍以及钟楼的垛堞、封顶，用经过精制磨光的镇江高资山的白矾石砌筑而成，室内的读经台、讲坛、洗礼池、圣坛、栏杆和望柱等皆嵌以磨光的白石。室内侧墙上精刻经文，并贴上金箔，典雅精细。建筑顶部是高耸的钟塔，18.2米高，室内有一水泥砌筑的螺旋式阶梯，共40余级，缘梯而上，可至钟楼顶端，此处悬挂有一口直径达2米的铜钟，钟声洪亮，远近可闻。高耸的尖塔，错落有致的屋顶、院墙等，整个建筑群给人们秀丽之感。

1937年，日军攻陷南京后，圣保罗堂部分建筑遭到破坏，但主建筑侥幸保存下来。抗战胜利后，基督教圣公会收回教产，清理教堂，重修大门，修葺房屋，种植花草，始复旧观。1959年初，南京市各教派联合，圣保罗堂更名为"太平路教堂"。"文革"期间，教堂被江苏光学仪器厂占用，讲坛、圣坛遭到毁坏，墙上经文也被破坏。直到1984年4月，该教堂才归还给南京基督教三自爱国会。经过修复，1985年7月28日，圣保罗堂正式重新开堂。1982年，基督教圣保罗堂建筑群被列为南京市文物保护单位。

张艺谋导演2011年拍摄了以南京大屠杀为背景的影片《金陵十三钗》，其中有两个情节可以和圣保罗堂和该建筑的设计师齐兆昌联系起来：一是故事发生地点是以南京的圣保罗教堂为原型，齐兆昌是该教堂的建筑

建筑师齐兆昌

设计师；二是齐兆昌曾在南京大屠杀期间担任金陵大学难民收容所所长，冒着生命危险庇护了大批平民。这段不同寻常的经历令其在一众民国南京建筑师中显得卓尔不群。建筑师齐兆昌不光是一位恪尽职守的建筑师，更为可贵的是他在民族危难之时体现出的高尚品格和气节。

1937年12月，日军攻入南京，对手无寸铁的平民和放下武器的中国军人进行了疯狂屠杀，南京遭受到空前浩劫！在此之前，金陵大学被迫西迁，为保护学校资产，齐兆昌毅然和其他30多名中外教职员一齐留守南京。当时，留守南京的西方人士发起组织了南京安全区国际委员会，利用金大校园设立了难民收容所，齐兆昌任所长，在这场惨绝人寰的侵略屠杀中，保护了南京数万妇孺平民免受日寇铁蹄的蹂躏。齐兆昌的义举深深地影响了他的儿子齐康院士。齐康院士精心设计的南京大屠杀遇难同胞纪念馆堪称当代中国建筑的杰作，他还长期义务担任纪念馆后期维护、改造等工作的顾问。

民国首都第一住宅区：颐和路公馆区

这里曾是民国时期国民政府军政要员、富贾名流和外国使节的花园别墅区，也是 1929 年《首都计划》中规划并建成的最高等级的"第一住宅区"，在全国也是独一无二，俗称"公馆区"。地点大体位于江苏路、宁海路、北京西路、西康路和宁夏路之间，占地约 70 公顷，旧称山西路公馆区，也就是南京人今天所熟悉的颐和路公馆区。

1933 ~ 1937 年间，《首都计划》中第一住宅区按计划实施，其规划方式完全西化：街道景观按欧洲巴洛克城市空间方式组织，采用放射状和方格网道路交织组成，并在重要节点安排对景。区内道路多用风景名胜命名：颐和路为中轴，琅琊路和牯岭路与其十字相交，赤壁路、珞珈路、灵隐路、天竺路、普陀路、莫干路、宁海路穿插其中，将公馆区自然分隔成 12 个片区。一批样式新颖、风格别致的花园洋房陆续建成，总计约 1700 余户，平均每户面积约 400 平方米。街区中所有建筑决不雷同，以西方各国别墅建筑形式为范本，虽形态各异，但规划控制到位，建筑密度仅 20%，花草成畦、竹木荫翳、门房车库、起居餐厅、电铃电话、自来水、卫生设施等应有尽有。此外，按照规划，学校、商店、银行、邮政局、菜市场、警察局、小型污水处理站等，都在必备配套设施名单之上。

《首都计划》中第一住宅区的居住建筑，是在向政府申请土地后，业主自行选择建筑师或者是按照政府营建司的图样建造。20 世纪 30 年代，一批欧美留学建筑师归国，一时间各种建筑流派竞相登场，中国传统式、西班牙式、法国孟莎式、英国都铎式、美国乡村别墅式、国际现代派等等建筑纷纷出现，这里不仅成了达官贵人买房置地的首选，也成了民国时期一流设计师的竞技场，童寯、陈植、赵深、陆谦受、刘既漂等著名建筑师都在此留下过作品。如今我们在颐和路公馆区内看到最多的是采用美国 20 世纪新式花园住宅的模式。这类住宅不追求奢华，注重经济实用，大多采用砖木或砖混结构，西式坡顶，机制青瓦或红瓦顶，清水砖墙或粉刷墙面，木门窗，设门廊、露台或阳台，偶有装饰，内部空间和

20 世纪 30 年代的颐和路一带

设施配套讲求生活的舒适性。

　　颐和路公馆区更是民国时期首都社会和政治生活的重要舞台，坊间流传"一条颐和路，半部民国史"的说法，并不夸张。当时《北洋画报》载文说："今日之南京，官儿多，衙门少；要人多，住房少。因要人多，住房少，各部长各委员，乃不得不在沪设置宅第，奔波沪宁。"定都南京后，新贵云集，各省主席、各战区司令、建交国家的公使人员，都在择地建宅。颐和路公馆区，生而逢时。入住公馆区的包括一批中国近代史上的重要政治人物和将领。汪精卫住在颐和路 38 号，隔壁 34 号是国民党中央军"八大金刚"之首顾祝同的家；蒋介石专门为"文胆"陈布雷物色的宅院，在颐和路 6 号，但陈只住了一年，就举家迁往重庆；特务头子毛人凤住在珞珈路 3 号，张学良曾被关押至此；1949 年，国共谈判期间，"山西土皇帝"阎锡山不敢回太原，请求李宗仁拨了颐和路 8 号暂为居住，7 天后仓皇而逃；汤恩伯任陆军副司令兼南京警备司令后，以妻之名，花了 2500 万国币购得珞珈路 5 号作为汤公馆。此外邹鲁、陈公博、薛岳、马鸿逵、胡琏、陈诚、周至柔、黄仁霖、纽永健、郑介民、周佛海等等军政要员，社会名流诸如新民报馆经理邓季惺、外交家郑天锡、气象学家竺可桢、天文学家余青松、民国交通银行董事长卢学溥等都在颐和路公馆区置办了房产，有好邻居，有死对头。短短颐和路，民国小剧场，上演一出出恩怨交错、悲欢离合的大戏。

这里也是外国驻华使（领）馆的集中地段。1927 年后，与国民政府建立外交关系的国家，大使级有 31 个，公使级有 18 个，大大小小 49 个大使馆或公使馆，分布在颐和路、宁海路、江苏路等路段。这些建筑多以当时欧美流行的摩登花园小洋楼风格为主，异国风情交相辉映，成了第一个使馆区样板。当时除了美、英、日、法、苏等大国自建大使馆，多数外国使馆都是租用私人公馆使用。

颐和路街区的民国住宅是近代南京城市发展遗留下来的实物，它本身的发展常常取决于生产力发展的水平，反映当时的社会状况，因而它是研究南京城市发展很好的实物凭证。这既是它们的特点所在，也是它们的重要历史价值所在。颐和路公馆区建设阶段正处于南京近代城市发展的"黄金十年"（1927～1937），其规划理念先进，风格多样，建造精良，设施齐备。这些建筑既是近代南京城市发展中的现代图景，也是

颐和路公馆区的住宅鸟瞰

中国近现代建筑史中不可忽视的华美段落。此外这一地段的官邸别墅的数量之多、规格之高是其他城市无可比拟的。其内涵丰富，历史文化价值特别突出。

青砖黛瓦，深院洋楼，梧桐树掩映着黄色的院墙，如今的颐和路公馆区依然保持着幽静深邃、整齐美丽的风貌。行走在颐和路上，总是有种行走于历史时空中的错觉，美丽典雅的小楼仍然透着当年的奢华，透着历史的韵味。每一座建筑就是一个故事、一段历史，它们像珍珠一样串起了那段过去，为后人诠释那个风起云涌的时代。

隐逸都市的乡舍：北极阁宋子文公馆

　　作为民国首都，南京拥有最大规模的军政要员的私人住宅，国民政府执政十年和还都之后，南京兴建了1700余幢独立院落的高级住宅，造型有西方古典式、西班牙风格、美国乡村别墅式、英德式、现代派、中国传统式等，各具特色。受欧美新住宅影响，这些小洋楼不求外观豪华，只求生活舒适、造型简洁、内部实用。其中建在鼓楼附近鸡笼山（今北极阁）顶的一幢西方农舍模样的别墅在一众高官别墅中脱颖而出，为人所津津乐道。这不仅是因为主人身份显赫，还因为其独具一格的建筑风格。

　　北极阁1号住宅，始建于1931年，为宋子文任国民政府财政部长期间的寓所，1946年重建。立于北极阁之巅，东邻鸡鸣寺，南濒进香河，居高临下，周边景色尽收眼底，周围林木葱翠，环境幽雅。公馆由杨廷宝设计，他充分考虑了场地环境，既要与原有景观协调，又不喧宾夺主，因地制宜地将三层建筑隐藏于林木之中，远望只见山顶一处村舍茅屋，

北极阁宋子文公馆外观

北极阁宋子文公馆的仿茅草屋面

清新飘逸，十分得体。住宅建筑面积约 720 平方米，高三层，钢筋混凝土结构，平面呈曲尺状，依山而筑，楼随山势，高低起伏，错落有致。主入口设在二层西北面，由十字拱门廊步入二层，会客厅、餐厅、书房各设一边，底层为卫兵住房、厨房、锅炉房等辅助用房，三层为卧室，利用部分阁楼空间。会客厅内钢筋混凝土天花大梁仿木结构，做成一排密布的小梁。施工时用喷灯熏灼模板，并刷除软木部分，待混凝土浇捣拆模后，刻印在混凝土梁的木纹清晰可见；外刷栗壳色油漆，木质感效果极佳，真假难辨。

住宅外观极为简洁朴素，采用欧洲村舍式，有高低穿插的二层屋面，大烟囱和老虎窗平添体块的起伏变化。宋子文公馆底层用毛石砌造，显得坚固；上面两层用砖砌，表面为米黄色水泥拉毛粉刷，立体感强，具有野趣。公馆最有特色之处在于坡屋顶的处理，颇有农舍风味：粗糙的屋面远望如茅草盖成，所以被当地人称作"茅草房"。

其实，宋公馆的屋顶是用进口白水泥拌黄沙在芦荻上盖成，上下共三层，每层约 2 厘米，最上一层做成蜂窝状，所以给人茅草顶的错觉。这种特殊处理的方法，具有保温隔热、防火防水等功效，保持室内冬暖夏凉，实在是集美观实用于一身，据说宋美龄夏天时会来北极阁 1 号小住，看中的也是其舒适的居住环境。虽然貌不惊人，但宋公馆的装饰和陈设用料极为考究，门窗均用高档硬木做成棂格，线脚细腻圆润，会客室小巧玲珑，地板木料及沙发都是国外进口的精品，室内所有开关、百叶窗也是舶来品，而私人住宅内有冷气装置，在当时也只有宋公馆一家，充分反映出位高权重的宋子文既注重享受，又讲求私密，以及对隐逸都市的居住氛围的追求。杨廷宝的设计提供了完美的解决方案，堪称景区住宅的典范。

　　该建筑的西北，坡势平缓，宅前是开敞、平坦的铺石院落，供户外活动和停车，场地中间有一株大雪松，既是装饰，又是标志。住宅东南是花园、陡坡，利用不同标高组织高低错落的层次，空间富于变化，尽显山林特色。1949 年后这里曾加以翻修和扩建，今用作招待所，依然大体保持其往日的风貌，静静注视着脚下喧闹的城市。

新住宅范本：板桥新村与慧园里

住宅是最能反映社会发展水平和城市基本面貌的建筑类型。近代以来，中国城市人口迅速膨胀，贫富差距不断扩大，家庭日趋小型化，现代生活方式的出现等都催生了对居住的新要求，根本性扭转了中国传统合院式的居住方式，并深刻影响着民国南京城市居住面貌的形成。其中，里弄住宅是近代城市居住转型的一种重要方式。

里弄住宅是近代中国受西方影响产生的一种低层联排式住宅，是异质文化、技术交流的产物，最早出现在上海，自19世纪后期开始建造，到1949年前已成为上海、天津、武汉等城市中建造数量最多的住宅类型。国民政府定都南京后，机关单位增多，开始为职工建造此类里弄和更紧凑的单元式公寓。此外，地产公司亦纷纷开发此类住宅，租售给中产阶层，常被命名为"新村"或"某里"，如五台山村、桃源新村、复成新村、公教新村、钟岚里、慧园里等。这类住宅通常呈行列式，各户入口分开，

慧园里入口

一户一套，结构上采用砖混或砖木结构，木屋架。其中标准较高的联排住宅则是每户一楼一底，底层是起居空间，二层作卧室，每户均设专用楼梯，配备卫生设施、车库，有的还配置公共花园或绿地，生活环境舒适。板桥新村（现1912街区内）和慧园里都是其中代表。较之传统住宅，里弄、新村或公寓等体现出比传统居住更小

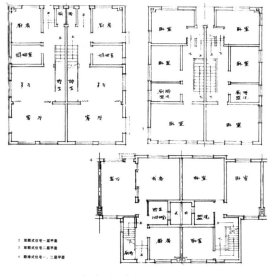

板桥新村住宅平面图

型、标准和紧凑的土地利用方式，设施也相对齐全，已是当时南京市民心目中的高等住宅了。

板桥新村东邻总统府，西邻国民大会堂，南靠新街口，北靠中央大学等行政文化机构，是个交通方便、闹中取静的好地方，居民以交通银行职员和国民政府高级公务员、中央陆军大学教官为主。新村占地7144平方米，总建筑面积2881平方米。全村都是二层住宅，由16栋双联式和两排联排式住宅围绕一个集中的大庭院，局部形成里弄。双联式住宅为每栋两户，每户一楼一底。联排式住宅为每排由8户相连，每户也是一楼一底。整个新村加起来，共有48家住户图。

板桥新村的总平面布置动了一番脑筋，基于节约用地的原则，在设计中既考虑了高密度，又同时注意解决通风问题，因此两排联排式住宅既不采用独户的前后院，也不采用单向院，而是采用无院落的行列式布置。并在南北两面各布置一排点式的双联式住宅，这样便可以把常见的各家私人院落用地集中起来设置一个较大的全村公共庭院，以供居民活动和儿童玩耍。建筑主体为砖混结构，局部钢筋混凝土结构，建筑立面简洁，墙面赭石耐火砖贴面，钢窗木门坡顶。抗战后板桥新村成为中央大学教工宿舍区，一直沿用至20世纪90年代，目前这一街区已进行拆改，变

板桥新村住宅区一角

成一片以餐厅和酒吧为主的时尚街区。板桥新村是中国近代建筑师对低层高密度居住模式探索的典型范例，其户型、小尺度公共空间的设置、建筑与环境关系等处理至今仍然具有借鉴意义。

被南京的老百姓称为"城南颐和路"的慧园里是里弄新住宅区的另一个范本。走进太平南路的南端靠近夫子庙路口的慧园街14号、慧园里1-38号的慧园里民国建筑群，穿过迎街弄堂似的题写着"慧园里"三个字的大门，你会发现自己似乎穿越到民国的旧时光里：22幢民国时期建造的红墙灰瓦的两层西式小楼，整齐地排列在中央宽5米，长约400米的南北向通道两侧。住宅建筑间距较密，形成低层高密度的空间特征。慧园里始建于20世纪30年代，占地面积1.04公顷，为银行机构所建的高级职员宿舍，委托地产公司进行了统一规划设计和开发。慧园里的居住建筑类型多样，有过街楼式、点式连廊、外廊式、联排式、独栋式别墅和内廊式等多种形式，每栋小楼的风格既统一又有变化，坡屋顶、老虎窗、铁艺小阳台以及小巧的院落都使得环境显得精致温馨。整个小区中间还设计有公共通道和活动空间，整体街巷尺度适宜，居住感受较好。80多年前，这里是城市中产阶级聚居的社区，弄堂似的过道，石料做的门框，像极了上海的石库门。慧园里的形式与空间真实地反映了民国时期首都南京社会中、上层市民住宅建设风貌和居住环境，体现了当时的建筑设计和施工技术水平。因保持了完整而良好的民国居住特征，慧园里片区被列为南京市重要近现代建筑风貌区。

新曲——现代的南京建筑

集体记忆：南京长江大桥桥头堡

　　南京长江大桥是新中国第一座依靠自己的力量设计施工建造而成的铁路、公路两用双层跨江大桥。它的建成开创了我国自力更生建设大型桥梁的新纪元。大桥沟通了南北交通，是我国桥梁工程建设史上的一次重大飞跃，是中华人民共和国前30年最值得国人骄傲的成就之一，向世界展示了中国人民的智慧与力量。

　　南京长江大桥位于南京市下关区（今并入鼓楼区）和浦口区之间，正桥长1576米，最大跨度160米，通航净空宽度120米。在位于长江两岸的主桥与引桥交界处，四组桥头堡分立大桥两侧，大堡两组，小堡两组。

　　桥头大堡塔楼高70米、宽11米，高高凸出公路桥面，采用钢筋混凝土结构，米黄色外墙，桥身两边塔楼在底部连为一体，中部设高大的门厅。堡内有电梯通往桥下的公园、铁路桥（不对外开放）、公路桥和堡顶。40米高处的公路桥面层是上层的入口，宽大的雨篷上方设计成观

南京长江大桥鸟瞰图

长江大桥桥头大堡

景平台。桥头大堡整体造型气势磅礴，简洁有力，与桥身的结构部分结合巧妙。高耸的红旗堡顶是整个桥头堡造型的视线中心，顶端高5米、长8米的钢制"三面红旗"呈飞跃前进状：三面旗一高二低，象征着20世纪50年代的人民公社、"大跃进"和总路线，旗上雕金黄色旗穗和杆尖，这些设计恰如其分地表达出具象物体在特定年代的象征意义。桥下堡身周围刻有极富时代特征的红色标语。

　　桥头小堡位于大堡向引桥方向68.7米处，结构、外形、颜色与大堡类似，仅体量略小。小堡凸出公路桥面的部分为5米高的灰色"工农兵学商"混凝土群像，各有一座高10余米的工农兵等五人雕塑，为当时中国社会的5大组成部分，即工、农、兵、学、商。

　　南京长江大桥在设计建造阶段，遭遇了国家发展的困难时期，由于条件艰苦，整个造桥过程也成为那个年代人们心中不可磨灭的记忆。50年代中期，经历了西方国家的长期孤立封锁后，中苏关系又恶化，苏联中断援助，我国工程技术人员只能依靠自己的力量进行桥体的勘测设计。1958年，桥体设计完成并进入施工筹备，随着"大跃进"的开始，桥头

南京工学院建筑系钟训正设计的凯旋门造型方案　　钟训正设计的红旗造型方案

堡也进入了初步设计过程。南京工学院建筑系全系教师及全部高年级学生投入了方案的设计研究，最后选出了7个推荐方案、38个备选方案参加全国性的方案竞赛。经专家们反复评议，在200多个方案中选出红旗、凯旋门及红旗与雕像结合式三个方案报送中央。其中前两个方案均出自南京工学院建筑系教师钟训正之手，而最终实施方案的"红旗"造型是由周恩来总理亲自敲定。

南京长江大桥于1961年正式开工，而桥头堡的技术设计与施工却一直拖到大桥全面建成通车前的一个月。1968年8月底接到上级通知后，南京工学院建筑系迅速组成了深化设计的工作团队，钟训正及有关设计人员立即来到现场，边设计边施工。由于当时的技术、材料等条件的限制，桥头堡的施工难度相当大。比如"红旗"上所贴面砖技术尚未过关而使得施工停滞不前，南京玻璃厂主动请缨承担面砖的试制任务，试制出红色玻璃砖，一经论证确定，便日夜轮转加班烧制，6万多片面砖现浇现贴。就这样，设计和施工人员上下一致、八方支援、齐心协力，克服了众多难关，桥头堡以惊人的速度建造，仅用28天就建设完成，保证了1968年国庆日大桥的全面通车。当天南京市5万多军民举行了隆重的通车典礼。时任南京军区革命委员会主任的许世友为大桥通车剪彩。

其实早在1927年，国民政府曾邀请美国桥梁专家实地勘察，并得出水深流急，不可能在南京附近江面上建桥的结论。新中国长江大桥的设计者和建设者们克服了经济、技术、水文、地质、天灾、人祸等困难与考验，建成了这座壮阔雄伟之桥。大桥的建设过程堪称一段激情燃烧的岁月，一曲众志成城的赞歌。而南京长江大桥也成为当时中国的标志性建筑，承载了那个时代最典型、最真实、最完整的历史记忆。南京长江大桥也为南京挣足了脸面。1960 年以"世界最长的公铁两用桥"被载入《吉尼斯世界纪录大全》，2014 年 7 月入选国家不可移动文物，2016 年 9 月南京长江大桥桥头堡入选"首批中国 20 世纪建筑遗产"名录。

曾几何时，南京长江大桥充斥于南京人乃至全国人民的普通生活中，从孩子用的作业本，喝水的茶缸，到洗脸盆，到处都能看到长江大桥的身影，而无数家庭都存有一张和大桥的合影，和南京长江大桥有关的物件更是汗牛充栋。2016 年，有关方面提出了"南京长江大桥记忆计划"，是围绕南京长江大桥这一时代象征落成 50 周年开展的记忆征集、研究、展示及相关活动，以促进南京长江大桥的记忆活化和空间更新。而南桥头堡计划改造成一座垂直美术馆，在大桥南堡公园打造"大桥之家"，这些措施都将赋予桥头堡新的意义，在新的时代与历史产生碰撞。南京长江大桥于 2016 年 10 月全封闭维修，历时 27 个月后将会重新开放。

城市活力之所：五台山体育中心

　　南京五台山体育中心坐落在鼓楼区五台山上，东侧临近繁华的新街口商圈，北侧坐落着古南都饭店、随园大厦，西邻石城风景区。1929 年国民政府制定的南京《首都计划》中，这一区块就被规划为文化与运动用地，但这一目标直到 20 世纪 50 年代以后才逐步得以实现。

　　为响应毛主席"发展体育运动，增强人民体质"的号召，南京市于 1952 年 8 月 18 日开始在五台山挖山开路，修建体育场馆等。建设充分利用了山势地貌，山顶原有两个洼地，体育场看台即以山体为依托，从山顶洼地向下开挖，呈下沉式，网球场规模较小，形制和体育场相仿，由此节约了大量建筑材料和其他施工成本，这在全国恐怕绝无仅有。1953 年建设完毕，投入使用。体育场占地 55000 平方米，足球草坪南北长 105 米，东西宽 66 米，可容纳 18600 名观众，是当时江苏省兴建的最早最大的专业灯光足球场地，也是同时期全国少有的大型体育建设工程，被誉为 20 世纪 50 年代南京的体育坐标，成为当时南京市的标志性建筑。五台山体育场除了举行各项体育赛事外，还成为举行各种集会训练以及市民健身锻炼的主要场所。

　　20 世纪 70 年代以后，万人体育馆、塑胶田径场、综合训练馆及网球馆等体育设施相继建成，成为南京市综合性群众体育活动中心。1995 年

20 世纪 50 年代五台山体育场

20 世纪 50 年代五台山体育场内的活动

如今的五台山体育场

第三届全国城市运动会的召开，使得五台山体育中心建设开启了新的高潮：新建、扩建游泳跳水馆、北大门、五台山宾馆，并对体育场、体育馆及各种设备进行全面的改造和维修。

五台山体育中心的主入口位于建筑群北侧的广州路上，是 1995 年扩建工程的产物。北大门由著名建筑大师齐康院士设计，它由门楼和两侧附楼组成，建筑面积 6300 平方米。门楼两侧的东西附楼地上五层、地下一层，附楼内涵盖了新闻中心、休息室、控制室、器械室等功能，突破了传统单一功能的入口大门的概念。入口前广场顺山势向上，兼做停车场使用。门楼采用凯旋门的形式，象征着"团结""友谊"和"桥梁"。中央为高 22.5 米的圆拱形大门，饰有奥林匹克五环浮雕。拱门两侧设有四座高耸的不锈钢火炬饰盆，代表着"永恒""胜利"的奥林匹克精神。中央门楼的两侧各有一座不锈钢的体育人物雕塑，位于东西附楼的角部。大门采用白色磨光花岗岩饰面，左右严格对称，整体外观清新典雅，端庄稳重，加之大门前广场高大宽敞的台阶衬托，更增加了建筑的纪念性。

北大门正对着体育场，体育场是建筑群中最早建设的一批场馆之一，它的塑胶跑道田径场和标准草坪足球场能够举办国际特级田径比赛，观众席有 2.5 万个彩色玻璃钢座位。主席台位于体育场西侧，分上、中、下三层。上层为工作台，设有计分控制室、足球灯光控制室和贵宾休息室。主席台下还设有地下通道和体育馆相通，完美解决了场馆内的人员疏散问题。五台山体育场曾作为江苏足球队的主场，主办过近几十年来的中超赛事和许多重要大型演出。

体育馆位于体育场的西侧，建于 1975 年，可容纳 1 万名观众。体育馆采用了长八角形平面，长轴为 88.68 米，短轴为 76.80 米，建筑面积约为 18000 平方米。体育馆内部布局合理，疏散口均匀分布在比赛大厅四周，保证全部观众能在 4 分钟内离开大厅。长八角形的平面比较接近视觉质量分区图形，观众获得的视线效果较好。底层看台采用钢筋混凝土框架结构，柱、梁、板采取预制与现浇相结合，屋顶采用空间网架结构（平板型双层三向空间球节点网架），是当时比较先进的空间结构形式。馆内比赛大厅面积 5010 平方米，室内净高 20 米。大厅内可容纳万名观众，可供国际、国内大型篮球、排球、手球、羽毛球、乒乓球、体操、击剑、武术等竞赛和大型文娱演出活动使用。该馆外形简洁，很好地反映了大跨空间建筑的风貌特色。五台山体育馆由江苏省建筑设计院与南京工学院建筑系联合设计，1981 年曾获国家优质工程银奖。

游泳跳水馆位于体育馆正北方，由东南大学建筑设计院设计。占地面积 5700 多平方米，建筑面积 11190 平方米，平面为 84×78 米的矩形，净高 18 米。建筑主体为钢筋混凝土结构，屋顶采用网架结构。游泳池、跳水池南北分开布置，中间以承重柱分隔空间，两部分根据不同的使用功能设计了不同的高度，产生了体块的错落关系，加上暴露的网架和玻璃幕墙的蓝宝石般质感，使建筑晶莹剔透、生动活泼、充满了时代感。游泳跳水馆内部建有国际标准游泳池、跳水池和训练池各一座，水域面积达 2075 平方米，不仅可供国际、国内高水平竞赛使用，还可充当日常训练和公众健身的场所。

五台山体育中心内除以上 3 馆之外，目前还有保龄球馆、网球馆、健身会馆等，是南京市民平日体育锻炼的聚集地。五台山体育中心服务南京各界 60 余年，既为培育体育人才提供了支持，更是广受市民欢迎的公共体育设施，因而被视作现代标志性建筑和展现人类活力的策源地。

革命记忆：雨花台烈士陵园

　　雨花台是雄峙于南京中华门外1公里处的一片山岗，自古以来，这里融自然环境与人文景观于一体，相传在佛教盛行的南朝梁代，高僧云光法师在此设坛讲经，感化神灵后天落花雨，由此得名。附近还有明方孝孺墓等景点。登临这块突兀的台地，可俯瞰南京半壁城池，向南远眺则是一望无际的丘陵风景，林木葱郁，浩瀚广大，雨后彩云将大地装扮得格外秀丽，的确是人间奇景。雨花台山冈不高，却是南京城南近郊的制高点，被视为南京的南大门，成为历代兵家必争的军事要地。六朝建康战事频频，太平天国在此血战经年，革命军也凭借此地攻打城内清兵，雨花台屡遭兵燹之祸，名胜古迹毁于战火，日渐颓败萧条，沦为一片荒郊。1927年，雨花台成为南京国民政府的刑场，难以计数的共产党人和爱国志士，为了民族解放，英勇牺牲在雨花台。"青山有幸埋忠骨"，雨花台的生命和光荣，永远与革命先烈的不朽精神联结在一起。作为纪念地，雨花台的意义显得尤为重大。

　　新中国成立后，为了缅怀先烈、寄托哀思，继承和弘扬革命精神，党和政府决定在雨花台兴建烈士陵园。陵园总体规划由著名建筑学家、南京工学院建筑系主任杨廷宝先生主持。规划将陵园主区域分为中心纪

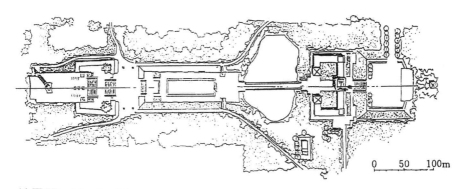

总平面　Master Plan

雨花台烈士陵园总平面

空中鸟瞰烈士陵园

念区、名胜古迹区、花卉区、风景林区、纪念茶园和青少年活动六个区。其中主峰上的"死难烈士殉难处"纪念碑、北大门、北殉难处烈士群雕、红领巾广场、二泉景点等绿化和景观项目随后陆续实施建成。

　　1980年后，江苏省及南京市人民政府拉开了新一轮陵园中心纪念区的全面建设。在南京工学院杨廷宝教授主持下举行了全国性方案竞赛，有500余方案参赛，最终由杨廷宝领导的南京工学院设计团队确立了在自然地貌和绿树环境中以轴线体现一种对称、凝重、传统的建造总设想。中心纪念区位于陵园中北部与城市南缘连接处的四座自然山岗之间，在长1000米的纵轴线南段上，串联起山丘、五个山头、一池泉水、一个小湖的自然场地。如何因势因地制宜，在不同地段赋予不同意义和设计手法是设计所需考虑的重点。轴线上自南向北有纪念馆、纪念桥、国歌国际歌墙、水池、纪念碑等依山就势逐层展开，北段有北大门及北殉难处烈士群雕。纪念馆与纪念碑高立于南北两座山岗之上，成为两处景观高潮。其余布置在四座山岗之间的凹谷之中，行进路线的起伏将瞻仰者视野高度及心情的变化韵律做了恰当处理。自然地形的跌宕、环抱与人工建筑雕饰小品的展开、围合等结合巧妙，浑然一体，有效地营造出纪念性建筑群恢宏的气势与肃穆氛围。在建筑轴的构思中，建筑师充分考虑了空

雨花台烈士纪念馆主立面外观

间程序与视觉、精神、自然生态、意念等因素的关联性。

从东大门入口，经 500 米略呈 S 形的道路，即可望见纪念馆并进入忠魂广场，左侧的山丘上是忠魂亭，右侧为纪念馆，登高 8 米到达雨花台烈士陵园的主体建筑——纪念馆平台。纪念馆方案是杨廷宝先生的构思，由中国科学院院士、东南大学建筑学院齐康教授完善、深化，于 1988 年竣工，对外开放。馆体呈"Π"形，面积近 6000 平方米，主体部分高 26 米，重檐，是一座采用中国传统风格、现代建筑手法的建筑。主体两层，上部设有三座方锥形堡垛，浅色花岗岩贴面，堡顶屋面为乳白色琉璃瓦。建筑主体洁白无瑕，在苍松翠柏的映衬下，宁静典雅，正气凛然。邓小平同志题写的馆名镌刻在门额上方，檐下正中还雕刻着象征烈士英灵永存的"日月同辉"图案，馆内陈列着反映 127 位革命烈士英勇事迹的珍贵照片及文物千余件，还复原了关押烈士的牢房及刑讯室。

由碑前广场拾级而上，穿过宽达 30 米的花岗岩大台阶，便是全高 42.3 米的纪念碑（寓意 1949 年 4 月 23 日南京解放），巍然屹立在山岗顶部的大平台上，平台上安放了十块纪念石，既是对烈士的纪念，又是空间序列的需要。大平台烘托出纪念碑的一种空间向上的趋势。1989 年落成的纪念碑碑身宽 7 米，厚 5 米，切去斜角，呈长方形。形象为三段式：

碑顶的形式是抽象了的屋顶，形似旗似火炬似钟鼎。登顶可近瞰全园，远眺城区。碑体中空，内有电梯、楼梯直通碑底的地下展厅，平台上的三个大花圈作为地下展厅的采光井。碑体正面碑文"雨花台烈士纪念碑"为邓小平同志题写。碑的基座是传统碑座的变形，碑座南屹立着5.5米高、重达5吨的以"坚贞不屈"为主题的烈士铜像，像高5米，基座高2.5米。纪念碑与纪念馆间距为450米。纪念碑群组构思，是要使人们的参观达到一个纪念的高潮、一种主宰全局的氛围。

整个中心纪念区建筑是现代纪念性建筑设计在表达缅怀和纪念的意义、继承传统建造经验等方面的重要探索。建筑群形象的比例、尺度、色彩、材质等运用均颇为得体，凝重、威严中不失简洁流畅，达到了寓意与审美两方面的统一。建筑设计和环境营造的成功，造就了今天的雨花台烈士纪念地，使之成为人们自觉接受革命传统和爱国主义教育的大课堂，在此可以深刻体会到死难烈士们的业绩与山川同存、与日月同辉。

新街口地标：金陵饭店

如在街头随机询问一位南京市民，你心目中的南京地标建筑有哪些？十有八九会提及市中心新街口附近的金陵饭店。金陵饭店位于南京市鼓楼区新街口西北角的重要地段，高110米，共37层，在20世纪80年代新街口地区一片低层建筑中显得鹤立鸡群。登临金陵饭店顶层的璇宫俯瞰整个南京城，也成为当时南京人的一种奢华享受和一段津津乐道的经历。1983年10月开业的金陵饭店是当时中国第一高楼，南京的标志性建筑。作为第一家中国人自己管理的五星级酒店，金陵饭店在建成后至今的30多年里接待过无数中外要人、名流，并见证了中国的改革开放和社会发展的日新月异。

金陵饭店由南京籍侨胞、新加坡欣光有限公司董事长陶欣伯出资建成。他于1979年回故乡南京探亲，国内正值改革开放初期，陶先生看到时隔数十年的家乡依然变化甚微，决心为家乡的建设做出实事，于是便计划在南京兴建一座现代化的国际旅游饭店。金陵饭店一期工程由香港的巴马丹拿集团（**Palmer & Turner Group，P&T**）负责设计。其前身是近代远东地区历史悠久、实力最为雄厚的英资建筑与工程事务所——公和洋行，服务范围包括规划、建筑设计、建筑结构以及机电工程。自1868年成立以来，该机构已经在许多亚洲城市，特别是上海和香港，留下了大批风格多样的优秀作品，如外滩的汇丰银行、沙逊大楼、江海关大楼、河

1983年10月金陵饭店落成开业

滨公寓、香港汇丰银行等，对于这两个城市的中心区（外滩和中环）风貌的形成发挥了重要作用。南京的中央大学礼堂也是这个事务所的作品。1979 年香港巴马丹拿事务所提交了金陵饭店的设计方案，这是当时国内高层建筑的最新尝试，加上设计机构的背景，评审会上遭到不少批判，但中国近代建筑设计大师和杰出的建筑学者，时任南京工学院建筑系教授的童寯先生力排众议，称赞"这是第一流的设计"。为此，这位一向不愿抛头露面的老人特意参加了奠基仪式，以示对新生事物的支持。今天，金陵饭店当之无愧地成为城市地标，也是当代中国建筑的优秀作品，童寯先生的远见卓识可见一斑。

金陵饭店最初的方案是一高一矮两幢楼，然而由于资金问题，一期建设方案改为了一幢塔楼的形式，即今天的金陵饭店一期的主体建筑，占地 2.5 万平方米，平面主体为三个扭转的正方形，由塔楼、裙楼、多层停车库及东部花园、购物中心组成，总建筑面积 6.6 万平方米。建筑中大堂、商场、服务用房、餐饮、会议、商务、娱乐中心、宴会厅、酒吧茶座、健身房、泳池等功能一应俱全。金陵饭店共有客房 800 多间，餐饮部分共 1700 多个餐位，宴会厅还可承接大型国际会议和专业学术会议。金陵饭店的设计建造创下了当时中国的多个记录：第一高楼，第一部高速电梯，第一个高楼直升机停机坪。先进技术加上简洁端庄的造型和优雅的比例，使金陵饭店成为时代象征和南京城市地标。对很多普通的南京市民来说，当年的金陵饭店颇具几分神秘色彩：无论是 90 美元一晚的价格、"衣冠不整恕不接待"的标识，还是只使用外币兑换券的规定，都让多数市民"望店兴叹"。当年，市民唯一了解金陵饭店的途径就是买票参观璇宫。璇宫位于饭店 36 层，是国内第一家旋转餐厅，其餐厅面积 332 平方米，可供 500 余人就坐。整个璇宫以每圈 1 小时的速度缓慢旋转，坐在餐厅里可以俯瞰南京城全貌，"璇宫"也因此被誉为"旋转的城堡"，"璇宫远眺"也成为当时的"金陵新四十景"之一。

1995 年金陵饭店开启了二期投资扩建，方案拆除了一侧的六朝春潮州菜馆，建造了 13 层的西楼——世贸中心，其功能主要为商场和写字楼。巴马丹拿事务所延续了一贯的严谨、大方、务实的设计风格，二期建筑平面仍采用方形，外观为玻璃幕墙，与主楼外观相近似又略有变化。世

如今新街口西北角的金陵饭店建筑群

贸中心楼的扩建除了作为主体建筑的功能延续，还有着为国际贸易交流服务的目的，这也是金陵饭店继续走向国际化的一步。

2008 年金陵饭店再次启动了东侧沿中山路修建亚太商务楼的三期扩建工程，于 2013 年完工。亚太商务楼总面积 17 万平方米，塔楼高 242 米、57 层，裙楼 4 层，地下 3 层。它不仅在建筑整体形象上传承了金陵饭店原有设计风格，更在细节上融入了民族文化元素，采用传统的窗花格形象，立面有所创新，使得新街口的西北角呈现出一组和谐完美的地标建筑群。

如今的金陵饭店一期虽然已经淹没在市中心的高楼森林里，不如当年形象之突出，但作为时代标志，它已深深铭刻在南京市民的记忆之中。

地域新建筑：梅园新村纪念馆

　　南京长江路上原总统府东隅是一片建于20世纪40年代前后的低层住宅，环境幽静，建筑群形象依旧保持当时的特征——灰瓦砖墙的二层里弄式住宅群。其中有几幢在中国革命历史上意义非凡的小楼——梅园新村30号、35号和17号。1946～1947年国共南京谈判十个月期间，它曾是中共代表团办公及居住处。周恩来、董必武等老一辈革命家曾肩负着反对内战、争取和平的神圣使命，在此工作了300个日日夜夜。南京解放后，党和人民政府积极组织力量，对原办公处进行调查和复原保护，并于1960年在梅园新村中共代表团办公原址筹建并开放了纪念馆，正式向公众展示这一重要的革命史迹原貌。由于原址较为分散，1989年南京市人民政府决定进行扩建，由当时东南大学建筑研究所齐康教授构思设计，与南京市建筑设计院合作，使得这处"原址再现"与"集中展示"相结合的完整的纪念馆群得以建成，该项目

梅园新村纪念馆入口及建筑外观

最终获得国家优秀设计奖金奖。

扩建后的梅园新村纪念馆由中共代表团办事处旧址、国共南京谈判史料陈列馆、周恩来铜像、周恩来图书馆等组成，属于近现代历史遗迹及革命纪念建筑物。史料陈列馆位于梅园新村 30 号之南，丁字路口西侧，在拆除的两幢旧房的地基上。为保持街区肌理的完整性，沿丁字路口呈封闭形是为和谐环境的最佳设想。这样，一组有庭院，有室内中庭，外形大体保持原两幢住宅的形式的总体构思得以形成。在结构关系上保持了原有新村的现状和历史特点，使街道、里弄、住宅、庭院具有更多、更丰富的层次。

新建的陈列馆作为参观线路的起点偏西南布置，与旧馆形成了三足鼎立之势，既不影响原址风貌，又便于参观路线的进一步展开。史料陈列馆建筑呈三向合院式向南展开，其西侧为一庭院，入口向南，庭院前端的砖墙上刻有杨尚昆同志题书的馆名。北面为三层的办公接待用房，平实的砖墙上青藤缕缕，周恩来的铜像置于其前方，这座铜像以周恩来当年的历史照片——从容步出梅园新村 30 号大门为原型，像高 3.2 米，用重 900 公斤的青铜铸造，表现出他坚定、沉着、机智、从容的革命家

内院中的周恩来雕像

风度。像上方铸铁花艺拱门是参照梅园新村 30 号的大门，采用虚实组合的手法设计，即原门的形象为正号，而现在是负号，使人联想到时间的跨度。庭院西侧是隔离外单位的山墙，设计了透空窗正好可以表现当年代表团驻地周围设有特务监视的历史场景。门拱背面的墙面所表现的正如国共谈判期间郭沫若在其《南京印象》一书中所写："仿佛空气中闪烁着狼犬的眼睛、眼睛、眼睛。"面墙上的镜面玻璃就是特务眼睛的艺术夸张，也是与庭院西山墙的透空窗相呼应。庭院大门入口，为了与街道贯通，一气呵成，采用了 1.2 米的矮墙，墙顶铺以地柏，又与街道上的树木取得视觉上的联系。

庭院东侧的展厅以中庭空间为核心，一侧为展厅入口，与庭院贯通；另一侧透过大片镜面玻璃与街区街景相渗透，内外融合而统一。二层展廊环绕通高的中庭周边布置，中央地坪采用黑色磨光花岗石地坪，上面树立的大型汉白玉浮雕在中央天窗的自然光投射下成为视觉中心。以周恩来为首的代表团成员群像呈"之"字形展开，再现了老一辈共产党人在险恶环境中坚定从容的英雄气概和革命家风度。此外，对中庭的空间界线的四根大柱，也作了造型艺术上的处理。展厅内陈列着国共谈判以及爱国民主运动的珍贵史料，还设有放映厅及珍品室，全面反映了南京谈判的历史。史料陈列馆后部设有出口通往原址各楼。

整幢建筑收放自如、尺度宜人。陈列馆的整体形象为了取得与周围环境的协调，采用坡顶小机瓦铺面，素雅的青砖墙面，体现出较强的南京地域特色。此外，沿街一面的屋顶高度控制在 10—12 米之内，大体与带阁楼的二层里弄住宅一致，令新建建筑与旧有建筑及周边环境和谐共处。形象特征除了外墙的坡顶、硬山，不同部位的垂直和水平划分的墙面外，还在重点部分装饰了充满符号象征意义的漏窗、浮雕花纹点缀。其中周恩来生前最喜欢的梅花图案多次出现，都使得历史情境的再现臻于完善。

周恩来图书馆位于陈列馆北侧，占地面积 855 平方米，建筑面积1280 平方米，由四幢民国初期民居式小楼改建组合而成，分上下两层，内设展厅、阅览厅、音像资料厅、采编室、书库等。图书馆主要收藏周恩来的论著、文献、照片、音像资料以及介绍他的生平、思想的书刊、

周恩来图书资料馆

资料等，现藏书数万册。图书馆在中共中央文献研究室的指导下，成为全国第一家周恩来图书馆资料研究中心。

纪念馆建筑群还包括了梅园新村17号、30号和35号几幢旧址建筑，中共代表团曾在这里办公、居住。为防止特务的监视和破坏，当时的共产党人将建筑根据实际情况加建，以挡住特务的视线。现在的几幢建筑及院落依旧保留着当时的原貌，幽静中透露着些许历史的沉淀。

梅园新村纪念馆建筑群的创作构思以再现历史氛围、再现历史人物的活动为主题，新建建筑通过与周围建筑环境的和谐共存，使历史中的事迹得到建筑艺术上的再现和深化，是地域新建筑表达纪念性的一次上佳探索。

一曲祭歌：侵华日军南京大屠杀遇难同胞纪念馆

　　1937 年 12 月 13 日之后的几周时间，是南京这座六朝古都苦难经历的顶点。惨绝人寰的"南京大屠杀"给南京人民带来巨大灾难，30 万无辜同胞殉难，日本军国主义在南京犯下的滔天罪行，永远不可能从历史中抹去！为了告慰遇难冤灵，铭记历史，教育子孙后代，1982 年在日本发生"教科书事件"后，南京市人民政府决定兴建"侵华日军南京大屠杀遇难同胞纪念馆"，纪念馆的馆址定在南京水西门大街 418 号，当年南京大屠杀期间江东门集体屠杀遗址和遇难者丛葬地上，它也成为中国首批抗战类纪念馆和遗址，也是国际公认的二战期间三大惨案纪念馆之一，2016 年 9 月，入选"首批中国 20 世纪建筑遗产名录"。

　　"侵华日军南京大屠杀遇难同胞纪念馆"共分为三期工程，东南大学建筑学院齐康院士主持设计了前两期工程：1984 ~ 1985 年实施纪念馆的一期工程，在纪念中国人民抗日战争胜利 40 周年之时落成；1996 ~ 1997 年实施纪念馆的二期工程，在纪念南京大屠杀遇难同胞 60 周年之际建成。齐康先生年幼时是南京大屠杀的亲历者，对这场灾难有切肤之痛，他以"生与死""痛与恨"为主题，用现实的手法营造建筑

侵华日军南京大屠杀遇难同胞纪念馆

氛围，给参观者一种心灵上的共鸣，一种意念里深沉的感受，用建筑的语汇提醒着后来者不忘历史，告慰30万无辜生命及其家属，纪念这场民族的灾难。

入口的纪念墙镌刻着醒目的文字"遇难者300000"，令人触目惊心。转过墙后，由上而下，俯览全景，所见是一片凄凉的卵石广场。鹅卵石地上，寸草不长，几棵纹丝不动的枯树后面是一座母亲的塑像，她悲痛无力地伸着手，找寻她失去的亲儿；在她后面，是半地下的遗骸陈列室，造型像一具巨大的棺椁，强烈的死亡气氛得到了充分的渲染；而沿边的常青树和石砌小径，片片碧草，使人感到生气和生命，一种"野火烧不尽"的无限生命力和顽强不屈的斗争精神紧紧地扣住了"生"与"死"的主题。当人们走进如同墓穴的陈列馆，那一幅幅地狱般的画面让人震撼，仿佛感觉有撕裂人心的哭声在空间和时间中不断地回荡。沿着环绕的参观路线，布置了13块纪念石，每块代表一处在南京的掩埋地。纪念馆的正面刻着邓小平手书的"侵华日军南京大屠杀遇难同胞纪念馆"16个字。整个设计始终紧扣主题，营造了悲剧性的整体氛围，调动了一切建筑、环境及艺术因素，成功地奏出一曲悯人悲天的祭歌，以悲壮的哀鸣谱写了声讨罪恶、呼唤和平的永恒旋律！

为纪念南京大屠杀遇难同胞70周年，2007年又实施了纪念馆的三期建设。华南理工大学建筑学院的何镜堂院士主持并设计了此次扩建工程，扩建范围位于纪念馆的东西两侧，主要包括纪念馆新馆和纪念公园两个部分。作为扩建工程，设计中始终注意与一二期工程保持协调，充分尊重和保留原有建筑、雕塑和情景表达，

内院中代表遇难同胞丛葬地的石块

171

并对"万人坑"建筑作了更为严密的防水和保护处理,使这一主题更突出。在建筑尺度上,为避免新建部分对原有纪念馆的影响,采用了"体量消隐"的设计手法,结合刀把形地形条件将新建的纪念馆主体部分埋在地下,地面上的建筑体量犹如一个斜插入地面的三角形体块,向东侧逐渐升高,屋顶作为倾斜的纪念广场,既突出了新馆的特殊风格,又减少了对原有纪念馆的压迫感。设计中以原有纪念馆的体量为参照,在扩建工程的设计中安排了新馆入口、"万人坑"遗址保护建筑、冥思厅等一系列尺度相近的小型建筑体量,并在设计中用一条中轴线将这些主要体量统一起来,形成空间尺度和秩序的统一。此外,园区西侧馆藏交流区也采用了化整为零的手法,分解后的建筑体量也与原有纪念馆相近。新老纪念馆在表面材质也进行了统一,整体来看更加协调,建筑语言和手法更加统一,令参观者感觉浑然一体。

三期工程为了纪念性建筑特定情感的表达,营造出一系列纪念的场所,形成突出的场所精神,以基地曾经承载的惨绝人寰的杀戮、无辜遇难者的悲愤以及后来者的凝重思索构成场所精神最突出的内容。建筑物的外观设计、内部空间设计、外部环境设计都要统一在营造场所精神这一主题之下。扩建工程的设计努力寻找适宜的形式来对这一特定的场所精神加以恰如其分的表达。在入口纪念广场部分,尝试以无生命特质的级配碎石铺装广场,并一直延续到新建纪念馆屋顶之上,通过这一特殊的铺装材料来反映"生与死"的场所精神主题。纪念广场上保留了原有的十字架等纪念性构筑物,并增设了大型雕塑"冤魂的呐喊",帮助点明场所精神的主题。新馆建筑内部空间结

三期工程新建纪念馆鸟瞰

园区西端的和平公园

合建筑形体处理，运用倾斜的墙体和缓坡的地面，组合成一种错乱、冲突的非常态空间，表达同展览主题相适应的场所精神。在空间序列结尾处的冥思厅，将室内空间有意设计得非常黑暗，参观者在行进过程中将手中的浮动蜡烛装置点燃，放在水池之中。相对而立的两面巨大的磨光花岗岩墙面让漂浮于水面上的烛光互相映射，无限延伸，通过人们的活动和特殊的光影氛围来传达哀痛悼念的场所精神。而在整个园区西部的和平公园内，用巨大的长条形水池将人们的视线直接引向水池终点的和平女神塑像。塑像、水面、草坡和长长的雕塑墙共同映衬出向往和平的场所精神。

自此，纪念馆的三期建设作为一个整体升格为南京大屠杀死难者国家公祭仪式的固定举办地，历史的主题在此得到固化和升华，并将持续不断地向中国和世界传递"铭记历史、珍爱和平"的声音。1996年8月，齐康先生在全国政协九届一次会议上提议，纪念馆应申报世界文化遗产。

"侵华日军南京大屠杀遇难同胞纪念馆"是活生生的历史教科书，对中国人、日本人，乃至全人类都有着深远的影响。

青春聚会：南京奥体中心

南京奥林匹克体育中心是亚洲已建成的最大体育场馆项目之一，是江苏省为筹备第十届全运会而建的集体育活动、商业、休闲和娱乐为一体的体育建筑群。奥体中心的建设要追溯到 2001 年，当时中国第一次采用申办形式推选全运会承办单位，因此竞争十分激烈。江苏作为沿海经济发达省份，拥有改革开放和经济建设的巨大成就作为支撑，南京奥体中心就是在这样的背景下开工建设的。奥体中心的主要建筑为"四场馆二中心"，包括体育场（含训练场）、体育馆、游泳馆、网球馆，以及体育科技中心、文体创业中心。设计方博普乐思建筑事务所（其前身是 HOK Sport 公司）是一个全球化的建筑设计和规划咨询企业，主要设计体育建筑和娱乐建筑。这个方案的设计为博普乐思建筑事务所赢得了著名的国际体育建筑奖——"IOC/IAKS"金奖（IOC：国际奥委会；IAKS：国际体育和休闲设施协会），而南京奥体中心也成为南京市河西新城的核心，显示出体育运动作为城市发展催化剂的意义。

南京奥体中心建筑群采用灰色调为"底色"，红色为"点缀"。灰色通过进口的银灰色铝锰镁合金板制成的屋面板、灰色的清水混凝土墙面、灰色地面花岗岩、深灰色沥青路面来表现，形成统一的灰色色调。

南京奥林匹克中心建筑群，近处为游泳馆

因为灰色接近灰砖、青石的颜色，最接近南京传统民居和明城墙的颜色，是南京传统文脉的延续，是六朝文化和古城地理特色的展示。红色主要体现在主体育场两道色彩鲜红的巨拱上，这是来自建筑师的独特灵感——"金陵红"，它是介于深红与暗红之间的一种独特的红色，与南京古都的特色相称，反映出城市特有的活力与动力。在南京的天空下，红色比较鲜亮，而且更能表达体育运动的活力、热力与动感。

南京作为六朝古都的传统感同样体现在建筑外形中，建筑师将曲线的灵动与柔美运用到设计的全过程，整个设计既契合古都身份，又具有面向未来的现代主义特征，从规则形态到不规则形态的景观过渡迎合了新城区的城市肌理。建筑师的设计理念是为南京市民创造一个"人的场所"，并且在南京市内创造一个有活力的聚集点。整个奥体中心规划的区域内包含着多功能的环境和世界级的运动设施，满足了主办国家级和世界级体育赛事的严格要求。南京奥体中心的规划为向心式的方形平面，体育场位于核心位置，另外有热身场、体育馆（太空舱形）、游泳馆（海螺形）、新闻中心（桅杆状）、网球中心（莲花瓣）、棒球场、垒球场，以及交通工程、环境景观、能源中心等配套工程和体育公园。

主体育场是运动区域的核心，其独特的环面屋顶使其成为南京的地标建筑。体育场的设计灵感来自对天上彩虹的赞美，来自对空中正升腾着美丽花冠的盛大庆典的祝福，设计理念的主题是"体育与庆典"。体育场建筑面积约 13.6 万平方米，观众席位 62000 个，屋面为流畅的马鞍形，屋盖钢结构体系由一对倾斜 45° 的钢"弓"结构和平行设置的钢箱梁及其间支撑形成的马鞍形壳构成，这堪称"世界第一双斜拱"，钢拱水平跨度达 360 余米，在国际体育设施建筑史上尚属首次。在巨拱内部

奥体中心的新闻中心

奥林匹克中心内的大跨度体育场

还有供检修、清洗之用的走道，一直通向拱的最高处。走道内部非常宽敞，双拱上一共开了 22 个窗口，在十运会开幕式上，大拱上演了空中飞人的精彩表演。大尺度的屋顶覆盖了 95% 的座位，采用轻型透明的聚碳酸酯材料减少对运动场地的遮挡，赋予体育场一种开阔的感觉。体育场在"金陵红"的点缀下显得生机勃勃，为体育运动带来了热闹祥和的节日气氛。

体育馆位于主体育场南侧，设计灵感来源于太空站，设计理念的主题是"体育和未来"。体育馆采用了曲面玻璃屋顶、玻璃幕墙、镂空金属板、金属构架、金属隔栅与大型百叶等元素，从背面看像太空舱，换个角度看又像飞船，绕过去看又能联想到航天器，白天和夜晚分别在室内空间和室外空间创造出梦幻般的光影效果，令人赞叹。体育馆建筑面积 6 万平方米，设有 13000 个观众席，分主馆和副馆两个部分，可举办篮球、排球、体操等多种体育赛事，并设有冰上运动比赛场馆。

游泳馆位于奥体中心东北部，设计灵感来源于对海螺、贝壳等海洋生命的联想，设计理念的主题是"体育与海洋"。主副馆如同两片大小不同的螺蛳壳吻合在一起，构成了独特的艺术设计，体现了人类对水上运动的热爱，象征着运动员的两只手臂在碧池中奋力划动，直冲终点，加上中间已形成的跌落水台阶，给人强烈的场所感和水上运动的氛围。

在南京奥体中心成功举办第十届全运会近十年后，它又一次承办了 2013 年南京亚青会和 2014 年南京青奥会两个重要赛事。南京奥体中心的独特之处还在于它直接引导了南京的新城区建设。在其他国家也有通过运动设施复兴社区的实例，但南京奥体中心采取新的思路，利用体育设施带动了整体城市和地区的发展，奥体中心包含所有能支承独立城市生活的要素，成为河西新城的中央核心。它由居住、商业、零售、休闲要素组成，并结合了维持"体育城"运行所需的所有服务和交通基础设施，成为重大体育赛事后仍被继续使用的体育场馆可持续设计的典范。

曲线的力量：青奥中心

　　国际建筑界最高奖项——普利兹克奖获得者扎哈·哈迪德是一位以造型大胆多变、流动洒脱闻名国际的英国女建筑师，是建筑界的"解构主义"大师，为全球众多城市创作了地标性建筑。她所领导的团队为2014年在南京举办的青年奥林匹克运动会设计了青奥中心大厦，青奥中心也因此成为这座六朝古都的新地标，其活泼灵动和不同寻常的曲线形态与青年奥林匹克运动会的主旨不谋而合，为这项体育盛事的上演提供了一个最具现代感的背景。

　　南京青奥中心位于南京市建邺区江山大街北侧，金沙江东路南侧，扬子江大道东南侧，燕山路南延段西侧，是青奥轴线以及滨江风光带上重要的景观节点和标志性建筑物，包括了一栋255.2米高、58层的会议酒店及配套设施，和一栋214.5米高、68层的五星级酒店及写字楼。两栋超高层塔楼共用一套五层高的裙房配套服务用房，内设会议厅、音乐厅、

青奥中心双子塔

多功能厅、会议室、展览区、餐厅、贵宾区和零售区。四个主要的规划单元——会议厅、音乐厅、多功能厅和贵宾区围绕庭院展开，并各自独立。这四个功能体量在顶层融合成一个

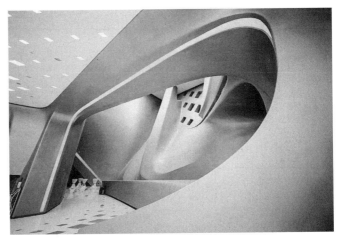

青奥中心流动的室内空间

整体，通过底层架空的方式使行人能够在地面层穿行并获得开阔的景观。会议大厅可容纳 2100 人，为文化戏剧活动配备了多功能舞台。音乐厅有500 个座位，并同时优化了管弦乐队演奏和音频设备演出的声学效果。建成后会议厅和音乐厅组成了保利大剧院，已成为向南京市民提供高雅艺术的重要演出场所。

南京青奥中心大厦的总体规划强调在河西新城扬子江沿岸农业耕地和江心洲乡村景观这种独特的城市环境间的一种连续性、流动性和连通性。建筑师希望通过一座步行桥将广场与河对岸相连，在良好的自然景观资源前做到资源的整合和最大化。建筑师基于对城市空间设计的思考，将塔楼部分塑造成流线型造型，为城市中央商务区与扬子江之间创造了一个动态而柔和的过渡。与此同时，广场和塔楼流畅的线条设计，也对河西新城的城市肌理和城市天际线产生了正面的优化作用。扬子江的自然景观与中央商务区的城市街景通过流畅的建筑语汇相连，同时呼应了城市的水平空间和垂直空间。

建筑师的大胆设计使建筑充斥着强烈的视觉冲击，甚至颠覆了人们对空间的体验方式：前厅、中庭、音乐厅的部分出现多层次的透视，无穷的消失点，倾斜的多角度，峰回路转的形态，始料未及的入口尺度，都对施工产生极高的难度要求。外部造型复杂，呈流动曲面状，塔楼和裙房之间的连接处，玻璃表皮逐渐转变成带有菱形网格的 GRC 板（玻璃

弯曲表面的 GRC 板

纤维增强混凝土板），由塔楼轻盈的玻璃幕墙转换为裙房充满雕塑感的立面形态，数字化的开洞方式增加了建筑的动态，也为建筑内部的采光提供了新的可能性。地上主体为全钢结构，而且 2 万多个构件中均为独立尺寸，根本找不到两个相同的构件，加工和安装的难度极大。值得一提的是，会议中心整个外幕墙采用了 1.2 万多块 GRC 板材，GRC 单块面积大，自重大，每一块板都需要深化设计、放样加工，安装过程中必须严格控制拼接，保证拼缝均匀一致，施工难度极大，是国内面积最大的单体 GRC 幕墙项目，对于 GRC 幕墙系统的应用具有开创性的意义。

因其非同一般的造型和内部空间构思，南京青奥中心大厦在实际建造中遇到了不少挑战，但在国内外设计和施工人员的不懈努力下，建成后的南京青奥中心大厦整体效果的确令人震撼，外向的、富有动感和灵感的建筑就像一首美妙的乐曲荡漾在城市滨江，让人回味无穷。

南京第一高楼：紫峰大厦

鼓楼广场是南京市主要的城市广场之一，曾作为大型集会和活动的主要场所。同时诸多城市干道在此交汇，其中中山北路与中山路之间的地块上，曾先后有国民政府中央银行、馥记大厦、鼓楼食品商店、红霞纺织品商店、鼓楼百货商店等老南京人熟悉的建筑物，而目前南京的最高建筑——紫峰大厦就位于鼓楼广场西北角，在原鼓楼食品商店和原鼓楼百货商店大楼原址上兴建的，区域周边有玄武湖、北极阁、鼓楼、明城墙等重要城市景观，也是全国著名高等学府南京大学、东南大学等名校集聚之地。

紫峰大厦建筑占地面积为 18721 平方米，总建筑面积约 26 万平方米，基地内设一高一低两栋塔楼，用商业裙房将两栋塔楼连成一个整体建筑群。主楼地上 89 层，总高度 450 米，屋顶高度 389 米，截至 2016 年，为中国大陆第四高楼（仅次于上海环球金融中心、上海中心和平安国际金融中心），世界第十高楼。主要功能包括一座六星级酒店、甲级办公楼、商场与酒店附属用房。

世界著名的摩天大楼设计机构——美国 SOM 建筑事务所首席设计师阿德里安·D. 史密斯（Adrian D. Smith）亲自担纲主持设计。在历史积淀深厚的南京，建筑师考虑回归地方文化，在查阅了大量南京的史料文献，深刻解读城市文化之后，设计师"在建筑中融入了中国古老的蟠龙文

城市地标紫峰大厦

紫峰大厦顶层内景

化，蜿蜒流淌的扬子江以及花园城市的意象，独特的单元结构式三角玻璃幕墙如龙鳞沿建筑盘旋而上，阳光下巨龙奋起，辉映南京的城市气质"。这座平面呈三角形的大厦从南京市繁华的交叉路口拔地而起，建筑整体造型设计优雅，与大厦内部功能空间和外部所处环境相得益彰。大厦立面阶梯式分段造型表明了其内部的功能用途：低层部分由办公和商业空间组成，高层部分则包含一家酒店、餐厅和公共观景平台。塔楼以立面上的错动和阶梯式分段使形体灵活多变，在东西两侧分别用水平向的架空层和长窗划分体块关系，使垂直方向上的立面变化更有层次感，并达到整体下大上小的收分形式。紫峰大厦极富创新地采用了错位排布的三角立体通风单元式幕墙，这种锯齿状的玻璃幕墙，与普通的平面式玻璃幕墙相比，制作、安装难度大，视觉效果更突出，并且综合解决了超高层建筑幕墙自然通风不足、开启窗立面效果差和不安全等问题，为超高层建筑的外观表现力和节能减排提供了一种新的思路。

整个建筑拥有 50 多部垂直电梯与 30 多部自动扶梯。大楼 72 层，距离地面 288.6 米处设有观光层，电梯以 9 米/秒的速度，38 秒即可到达观光层，在总面积 1850 平方米的观光厅内可以俯瞰南京全貌而无遮挡，是观景的绝佳之地，玄武湖、明城墙、紫金山、雨花台、幕府山、长江尽收眼底，同时它也是城市轮廓线的缔造者。该项目于 2005 年开工，2009 年交付使用，是中国人投资和建设、面向未来的超级摩天楼，是一座南京的新地标，同时也是中国最发达地区之一的江苏省的标志，因而具有不同凡响的影响力。

大师云集：四方当代艺术湖区

多年前十几位亚洲建筑师在北京构建了"长城脚下的公社"，开创了国内前卫建筑艺术实践展的先河。如今，24 位世界顶尖建筑师和艺术家，包括史蒂芬·霍尔、矶崎新、妹岛和世、西泽立卫、戴维·艾德加耶、张永和、王澍、姚仁喜等，在南京浦口佛手湖畔共同设计营造了"南京四方当代艺术湖区"。四方当代艺术湖区项目占地 350 余亩，耗费十余年，打造出建筑展览、艺术展览和文化旅游服务为一体的文化创意产业园区。这里毗邻美丽的佛手湖和老山森林公园，让建筑师和艺术家能够在一片宁静并且充满灵性的环境中施展他们各自的创作灵感。建筑师们共同以"Balance-Rebuilding"（重建平衡）为主题，以他们极富个性与风格化的建筑语言，各自表达了对"平衡"的理解与诠释，意欲寻找建筑与环境、人与自然、科技与人文之间的和谐平衡，探索国际先锋实验性建筑及当代艺术与中国现代商业的良性互动。

位于湖区入口醒目位置的是"四方当代美术馆"，由美国当代著名建筑大师史蒂芬·霍尔（Steven Holl）设计，对于空间和光的关注和研究使他自成一派，创造了独特的建筑语言。"四方当代美术馆"无疑是他的又一件独具匠心之作，为湖区构建了一座符合当代艺术气质的美术馆。建筑物由黑色的竹模板素混凝土花园墙和上方悬

四方当代美术馆（史蒂芬·霍尔设计）

浮的轻质结构体构成，纯粹、自然、宁静，与山水林木和谐共存，浑然一体。黑色素混凝土墙因为自然地形地貌而参差错落，既是建筑本身的基础，同时也是一道雕塑风景线。蜿蜒曲折的钢结构楼梯拔地而起，延伸并穿透建筑上方漂浮着的半透明的结构体——画廊，画廊悬浮在空中，以顺时针方向逐渐展开，在终端处可以眺望到远处南京市的景色。选择这个乡村场地的意义由于这条能看到明代都城南京的视觉轴线而变得更加具有城市特点。画廊有着半透明的墙和地面，屋顶由透光率为30%的太阳能板构成。整个美术馆的室内呈现白色基调：白色的墙体和用来支撑的白色桁架。由于特殊的地形特点，美术馆首层的地形走势形成一定的波浪形，这个在很大程度上又打破了一般美术馆给予我们的规矩方正的概念。庭院铺的地砖是从南京市区老胡同破败的院子里回收来的。美术馆只使用了黑和白两种颜色，给展示的艺术品的颜色和纹理提供了合适的背景。原来就生长在项目基地上的竹子被用在了竹模混凝土中，通体染成了黑色。美术馆采用地热资源制冷和供暖，还充分利用了回收雨水。

中国第一位荣获国际建筑界最高奖项——普利兹克奖的建筑师王澍设计的三合宅则位于湖区山顶最显要的位置。建筑整体掩映在佛手湖区周围的树木中，三面围合，一面开敞，空间内聚而封闭。立面采用产自苏州的水磨清砖贴面以及切割打磨的大青砖等传统材料。该建筑的人字形下悬屋顶与格栅式外墙都借鉴了中国民居，保持了建筑与空间的连续性，更是建筑师立足中国传统房屋范式的实验操作。人字形的屋面同时考虑到了雨水的排出，其形态主要由具体功能和构造决定。房子中间有一方浅池，整个中庭空间充斥着诗意的宁静，静谧地见证时间的流淌与时空的转变，整体呈现出一种自然的禅意。

7号住宅的用地在接近山谷的缓坡上，这里属于南京本土建筑师张雷设计的"碉堡"。背面有一处小山丘，前面是谷底小溪。基地少有平地，坡度比较大，限制条件使得建筑师考虑垂直布局的可能性，以便尽量少地破坏自然地貌，基本保全北面的山林和坡地。方案从环境的角度考虑问题，500平方米的体量被分解成五个立方体，叠为四层，回应了特定的地势。每层100多平方米可以布置两个卧室，同时在屋顶设计了露天平台。底层设置了起居室和餐厅，在静谧的山林之间呈现半开放的公共性；

中间三层是六间卧室客房，在感受山林的同时享有充分的私密；屋顶平台和水池是另一个面对自然完全开敞的客厅，四层体量通过一部电梯和楼梯上下联系。室内采用了地台的布置方式，所有陈设都固定在建筑内，几乎没有移动家具。

英国建筑师戴维·艾德加耶（David Adjaye）设计了一个"光盒子"。别墅由一实一虚两个立方体组成。实体部分是一个从基地上架起的60米细长箱体，横亘在小溪前面，内部空间沿着箱体的长向直线排开：门厅、厨房、餐厅、起居室、工作室以及位于三处夹层空间卧室和起居空间。夹层部分的地板结构是船底形，形成房间缓坡状的独特地面。箱体的中部，面向道路的位置是一片人工种植的矩形竹林，形成了一个虚的立方体，其后是别墅的主入口。建筑的基础是一排间隔5米的圆柱，将上部"U"形的混凝土管状结构托起，最大限度地保持了基地自然地面。外墙表面为纯净的黑色，做法是在混凝土结构部分外嵌本地出产的黑色石板条。架空的地面，纯净的外形，谨慎的开窗，内部精确的光线，建筑以一种宁静和克制的态度，创造了建筑和大自然之间的新的平衡。

7号住宅"碉堡"（张雷设计）　　　　"光盒子"（戴维·艾德加耶设计）

四方当代艺术湖区内的酒店（刘家琨设计）

　　园区内唯一的度假酒店由中国建筑师刘家琨设计，采用"一分为二，化整为零"的策略，将公共空间隐匿于山洼，山脊部分的客房作小体量切分，使整个建筑群顺应地势，融入环境。材料采用黑、白、灰色的混凝土砌块，用普通水泥产品构筑当代的中国山水聚落。

　　目前，此片湖区仍在建设中，一件件创新之作不断带来惊喜，以此构成历史与当下的彼此联系，实现古老文化和当代艺术的对话，这种对话所产生的化学反应，给南京的文化景观注入新的活力，带来新的艺术维度。

佛光重现：牛首山佛顶宫

南京江宁区牛首山由牛首山、将军山、祖堂山、东西天幕岭、隐龙山等诸多大小山组成。山高 248 米，因山顶南北双峰似牛角而得名。牛首山风景宜人，每岁逢春金陵百姓倾城出游，故民间有"春牛首"之称。清代，"牛首烟岚"被列为金陵四十八景之一。牛首山是中国佛教名山，文化底蕴深厚。自梁武帝天监二年（公元 503 年）在此修建佛窟寺（今宏觉寺）起，到唐代添建宏觉寺塔，直至明代一千多年间，牛首山一直是香火不断，僧侣云集，其中唐贞观年间法融和尚在此创立"牛头禅宗"。

2011 年 6 月起，江宁区启动牛首胜境创意策划工作，经过建筑设计、文化研究、基地调研以及投资预估等多方面的考虑，提出整个牛首山风景区的建设目标是打造成一个市民的生态胜境、金陵佛国的文化胜境和禅文化休闲度假区，并确定了"天阙藏地宫，双塔出五禅""一花五叶"的总体布局。规划中的牛首山风景区中部地区总面积约 9.51 平方公里，由文化禅、自然禅、生活禅、生态禅、艺术禅等五大片区组成。

作为佛顶圣境区的核心之一，佛顶宫坐落于牛首山西峰之处，属于

佛顶宫建筑群鸟瞰

佛顶宫穹顶之下的卧佛旋转莲花台

深坑建筑，单体建筑面积约 13.6 万平米，相当于 19 个足球场的面积，分为地上三层，地下六层，高度为 89.3 米，是世界级佛教胜地。这种宏大的规模在全世界的佛教建筑中尚属少见，不仅如此，这里还供奉着全世界唯一的释迦牟尼佛顶骨舍利。以充分尊重场地环境为核心思想，以创造富有禅意的室内空间为核心手段，以富有序列感的流线加以丰富，以"补天阙、修莲道、藏地宫"为核心概念，设计者们创造了神圣、庄重而又宁静平和的建筑与佛教文化场所。

佛顶宫由大穹顶、佛手摩崖以及主体建筑三个部分组成，在大穹顶之下，为充分契合地形，建筑设计采用了"婆罗双树，云锦袈裟"覆盖的"莲花宝盒"概念，以"莲花托盏，上置佛宝，袈裟护持"的概念构建穹顶的整体形态。在穹顶内部，通过禅境大观、舍利大殿、舍利藏宫三大主题空间，营造出强烈的宗教神圣感和仪式感。

穹顶内部的地上部分并不是一个单一的穹顶，而是设计成上下通高的垂直式空间，营造一个神圣的向心式的氛围。地面一层中庭核心大空间的"禅境大观"就是这样的单层通高设计，其内部主体是一个开阔的椭圆拱形空间，此内部空间南北方向约 112 米，东西方向约 62 米，内部净高约 38 米。禅境大观一层南北两侧是展现佛陀诞生、顿悟的禅境花园，中心处的莲花舞台极具创意，庞大的莲花造型与佛顶宫宏伟的气势相得益彰。舞台中心为卧佛旋转莲花台，台面上的巨型卧佛可随台面进行 360 度旋转，可谓惊艳了整个空间。礼佛墙、大理石台面莲花纹饰、巨型的卧佛等舞台装饰无处不体现着浓郁的佛教文化。

"舍利大殿"空间位于入口层以下，其内部空间强化了安奉佛顶骨舍利场所的仪式感。展示大厅位于禅境大观的正下方，由居于底层的展示广场和周边两层环绕广场的回廊共同组成，展示广场中心区域约 1000 平方米，周边立阿育王柱，中心区域则是阿育王宝塔；环绕广场的四层回廊是观瞻舍

佛顶宫内的阿育王宝塔

利的最主要空间，在回廊内侧则是禅文化、舍利文化展示馆，展馆面积约 2000 平方米，展示馆的层高约挑高 12 米，柱跨的最大跨度超过 12 米，可满足包括佛教文化起源实景展示、舍利文化实景展示等要求；展示大厅的最上方则是由装饰构成的下垂式莲花宝顶，宝顶由一片片莲花合拢而成，和阿育王塔上下呼应。

"舍利藏宫"是整体建筑最下方的一层，营造出完全独立的空间，为舍利日常安奉之地，也是作为参拜、诵经、禅修的宗教活动重要场所。空间形态上，以直径 26 米的圆形空间，内设正八边形的阿育王塔供奉佛顶骨舍利，形成神圣空间的向心性；平面布局上，为保证舍利藏宫的安全性，在核心舍利殿的周边设护持回廊，入口设安全门禁，对外则由单独的专用出入口进出。同时，为保证僧团和信众观瞻舍利的需要，在周边设置了不同的功能房间。舍利藏宫大殿是舍利的永久供奉场所，这里整体的空间气氛是暗色空间中有舍利和宇宙中辉映的星点佛光，为观览增添了最后一抹神秘色彩。

作为一个在自然景观中建造的文化旅游建筑，佛顶宫的设计充分利用自然条件，并深度结合牛首山的山水美学与佛教文化，创造出一个以体验为核心、充满仪式感和震撼力的现代佛教空间。在此，我们既看得见卓越的设计灵感和工程技艺，更能感受到南京这座城市放眼世界的眼光和胸怀。

流动的历史：大报恩寺遗址博物馆

　　南京大报恩寺是中国历史最为悠久的佛教寺庙之一，一说其前身是东吴赤乌年间（238～250年）建造的建初寺，是继洛阳白马寺之后中国的第二座寺庙，也是中国南方建立的第一座佛寺。明代寺内兴建的大报恩寺塔被誉为中世纪世界七大奇迹之一，"天下第一塔"，有"中国之大古董，永乐之大窑器"之誉，被西方人视为代表中国文化的标志性建筑之一。大报恩寺自其始建的千余年间屡废屡建，构成了一部跌宕起伏的兴衰史。

　　大报恩寺位于南京市秦淮区中华门外长干里地区，与中华门城堡隔秦淮河相望。相传明成祖朱棣为报答与宣扬其父明太祖朱元璋与马皇后所建（但据明清文人笔记与近代学者考证，明成祖实际上更多是为纪念其生母碽妃所建）。大报恩寺内原建有五彩琉璃宝塔，高约78米，九层八面。塔体全部用白石和五彩琉璃砖砌成，精美绝伦。太平天国时期大

如今的大报恩寺遗址公园入口

报恩寺被彻底破坏。2008年，从大报恩寺前身的北宋地宫内出土了震惊世界和佛教界的唯一一枚"佛顶真骨""感应舍利"以及"七宝阿育王塔"等一大批世界级文物与圣物，使得建筑师对于明代大报恩寺独特的皇家讲寺地位，600米回环画廊的格局以及北宋地宫的价值有了新的认识。大报恩寺遗址博物馆的设计正是在这一背景下，经由两轮国际竞赛的激烈角逐，东南大学建筑学院设计团队的方案中标。2015年，大报恩寺遗址博物馆落成。

大报恩寺遗址博物馆的设计创作首先从遗址与城市、遗址与寺庙形态两个层面的格局关系入手，从中国传统印章的基本形态中得到启发，沿用固有的寺庙轴线，以一个简洁的"口"字形平面将明代大报恩寺周回画廊以内的遗址圈护起来，形成一个东西210米，南北80米的矩形内院，这个遗址内院与明代大报恩寺的寺庙内院尺度相吻合，博物馆同时也因这一构想获得一个连续的大尺度边缘平面轮廓。依托这一基本形态，原本残破不全的遗址留存重新获得了其固有的组织架构，并在既有轴线的驾驭下再现了明代大报恩寺与城池的结构性关联。寺庙遗址的地形地貌也被视作遗址的有机组成部分被严格地保护，回合形的博物馆平面依地貌起伏而跨越不同的地形高差，但始终保持对建筑形体处理的克制态度，而将遗址的保护及其格局呈现确立为优先地位。在这一建筑形态的统筹下，中国明代寺庙中规模最大的复式周回画廊以及与画廊直接相连的天王殿遗址、法堂遗址、油料库遗址和伽蓝殿遗址均被置于博物馆室内保护起来。博物馆内院中的岗地高台上，经过保护整理后的大殿与月台、大琉璃塔和观音殿遗址因内院边界的再现而获得恰当的形态和尺度认知，博物馆西部的香水河、

博物馆内展示的大报恩寺遗址

香水桥遗址和左右碑亭有了必要的建筑背景以作衬托，大报恩寺原有的御道虽仅仅遗存西端局部，但借助于贯穿东西的中轴线而重获殊荣。为保护和展示连贯的御道，博物馆西部主入口按观众进出流线而分设在御道两侧。至此，借助博物馆的建筑形态，明代大报恩寺的地脉格局被清晰地勾勒出来。为了使观众对此能够获得更为鲜明的现场认知，设计在各出入口将观众流线连接至博物馆的环形屋顶平台，城堡、河道、山岗、寺庙在此尽入眼帘，昔日长干里的街市细语和香火禅音意犹可闻。

　　明代大报恩寺琉璃塔原状为八面九级楼阁式，砖木结构，外饰琉璃。塔高约78米，全塔坐落在一个石台基上，底层副阶周匝，开间宽约4.5米，塔身四面开门，另四面设窗洞。作为金陵大报恩寺遗址整体保护措施的一部分，新塔位于明代大报恩寺琉璃塔原址之上，以起到保护塔基和地宫遗址的作用，同时也是该遗址博物馆的点睛之笔。新塔力求避免对塔基和地宫遗址的干预甚至破坏，由于对遗址原真性保护要求极为严格，遗址核心区不能恢复建设原有建筑，新塔遂以全新的表达方式来传达古报恩寺琉璃塔的历史信息，继而承载明代大报恩寺琉璃塔的辉煌记忆。因此地宫上方的新塔并未按照原样重建，而变身为一座"钢结构＋玻璃幕墙"的轻质九层塔，现代的结构与材料，与原塔近似的规模与形制，保护性地再现了新塔与古塔间的历史关联与差异性，郑重地拉开了"过去"的序幕。

　　新报恩寺塔的空间设计来自于对楼阁式古塔空间体系的继承和突破，根据原报恩寺古塔的竖向段落特征，新塔空间在竖向也分为3个段落，八面九层，并继承了古塔明层与暗层交错叠置的特点。由

明代的大报恩寺塔全图与如今的报恩寺塔

于新塔底层结构改变了传统古塔的荷载传递方式，极大地拓展了底层空间。在满足保护与展示古塔塔基和地宫遗址的同时，提供了可供200人举行活动的圣物奉安与瞻礼的纪念性空间场所。在中部塔身空间的处理上，平面不设传统的平座回廊，变古塔封闭的外墙为开敞式玻璃翼板环廊，以供游人环绕观览。塔身空间交通组织高效，塔体轻盈通透，新塔顶层自9层观览环廊至屋顶攒尖有近20米的通高空间，建筑师在此设"云中佛殿"悬浮于环廊之上，形成凌空的礼佛参拜空间。这种设计充分利用了钢框架结构的技术潜力，破解了古塔顶部狭小局促的空间难题。

新报恩寺塔在轮廓比例和节奏韵律上比较充分地传承了明代大报恩寺塔的形式特征。但在结构设计上坚持采用当代最新技术并在形式上明确地表现出来，在空间上回应新的功能需求，在材料上研创出能够再现古塔形式意象的新工艺。整个复建遗址博物馆不仅是对昔日的回望，还呈现为一种联系过去与未来的对话，以新的创意和当代先进技术表达了对曾经享誉世界的明代大报恩寺琉璃塔建造技艺的礼赞。

尽管对大报恩寺遗址再生采用现代派做法存在一些争议，特别是其鲜亮形象与历史传统之间的差距多少和一般人的文化审美相左。但仔细分析，在文物保护法禁止遗址上复建原物，又需保护地宫的前提下，如果我们脱离物质永恒性或历史原样再现的西方式理解，回归对待建筑物质性的东方式尊重意象的传统态度，是否可以尝试用当下的状态和技术去构建"未来的历史"。当善男信女再次前往大报恩寺瞻仰佛光，当现代照明技术让玻璃塔在夜晚变得璀璨夺目，我们不得不说，大报恩寺的记忆和场景在历史进程中再一次涅槃重生了。

主要参考资料

〔明〕葛寅亮，何孝荣点校.金陵梵刹志（全二册）[M].天津：天津人民出版社，2007

东南大学建筑系成立七十周年纪念专集.杨廷宝建筑设计作品集 [M].北京：中国建筑工业出版社，1997

潘谷西主编.可爱的南京：南京的建筑 [M].南京：南京出版社，1998

叶兆言编.老南京：旧影秦淮 [M].南京：江苏美术出版社，1998

杨新华，卢海鸣主编.南京明清建筑 [M].南京：南京大学出版社，2001

李海清著.中国建筑现代转型 [M].南京：东南大学出版社，2004

杨永生等著.建筑五宗师 [M].天津：百花文艺出版社，2005

卢海鸣，杨新华主编.南京民国建筑 [M].南京：南京大学出版社，2006

赖德霖主编.近代哲匠录 [M].北京：中国水利水电出版社、知识产权出版社，2006

杨新华著.朱偰与南京 [M].南京：南京出版社，2007

伍江著.上海百年建筑史 1840–1949[M]，上海：同济大学出版社，2008

潘谷西主编.中国建筑史.北京：中国建筑工业出版社 [M]，2009

建筑文化考察组编.中山纪念建筑 [M].天津：天津大学出版社，2009

梁思成著.中国建筑史 [M].北京：生活·读书·新知三联书店，2011

梁思成著.中国雕塑史 [M].北京：生活·读书·新知三联书店，2011

叶兆言等编.老照片·南京旧影 [M].南京：南京出版社，2011

叶兆言等编 . 老明信片·南京旧影 [M]. 南京：南京出版社，2011

叶菊华著 . 刘敦桢·瞻园 [M]. 南京：东南大学出版社，2013

汪晓茜著 . 大匠筑迹——民国时代南京的职业建筑师 [M]. 南京：东南大学出版社，2014

朱偰著 . 建康兰陵六朝陵墓图考 [M]. 北京：中华书局，2015

冷天 . 冲突与妥协——从原金陵大学礼拜堂见中国近代建筑文化遗产之更新策略 [D]，南京：南京大学硕士论文，2004

Jeffrey W. Cody，Building in China：Henry K. Murphy's "Adaptive Architecture，" 1914–1935，Hong Kong，The Chinese University Press，2001

后 记

作为一个在南京求学、工作和生活了近30年的人,我热爱着这个城市:沧桑、怀古、故都,历史的烟雨将南京渗透;沉静、人文、智慧,深厚的底蕴推动着南京前行。在这样一个古今融合、新旧交织的城市从事与历史建筑教学、研究和保护利用相关的工作该是多大的福分。

南京具有一种多元的城市传统,雄霸的古都气概和缠绵娇柔的江南风流相得益彰,悠久的历史和深厚的文化培养了南京兼容并蓄的品格。这一特色深深地烙印在历朝历代遗留下来的建筑物上,这些经典建筑是我们最宝贵的文化遗产。1998年东南大学潘谷西教授和其他前辈学人们以《南京的建筑》("可爱的南京"丛书)为我们描绘了南京建筑深厚的传统和与时代同行的样貌,20年后,我的书写从类型、标志性、与历史背景的互动等方面再次挖掘南京建筑的内涵,这既是向这些经典建筑的建造者和研究者致敬,也是向这座历久弥新的城市致敬。

由于日常工作繁忙,我的写作过程断断续续,但始终得到了我的老师——著名建筑史学者、东南大学建筑学院刘先觉教授和潘谷西教授的鼓励和支持,两位先生不光是我学问上的领路人,他们严谨踏实和勤奋的工作作风也对我影响极大。我的写作也是基于前辈们对南京城市和建筑的长期研究之上,希望不负他们的期望。

感谢我的学生江琪、赵男为本书上篇和下篇资料的收集整理做了大量的工作。感谢南京出版社卢海鸣社长、南京市社科联邓攀先生、南京城建档案馆周健民馆长在南京城市建筑历史研究中的支持与启发。在资料收集和整理过程中,我还得到了东南大学建筑学院图书室、中国第二历史档案馆、南京市城建档案馆、南京市图书馆等机构的支持与帮助,在此一并致谢。

衷心感激家人给予我的鼓励和支持。谨将此书献给我的父亲汪庆玲,尽管病痛缠身,但他的强大意志和乐观态度极大地鼓舞着我,愿父亲一切安好。

汪晓茜